人人都有领导力

释放潜能，让未来的你不断增值

许锋 / 著

中国友谊出版公司

>>>>>>

马克斯维尔博士：

一切组织和个人的兴衰都源自领导力，而领导力不是一种与生俱来的天赋，它是一种可以学习掌握并能逐步提升的思维模式；一旦了解其中的秘诀，任何人就能很快拥有领导力。

推荐语

许锋博士的《人人都有领导力：释放潜能，让未来的你不断增值》，通过案例深入浅出地阐述了从个人到团队如何唤醒自己的领导力，实现高绩效的锻造思路。相信本书对所有在 VUCA 时代打拼的职场人士特别是人力资源从业者，有很好的指导作用，值得大家一读再读。

——中国人民大学人事学院院长 杨伟国

许锋老师从事人力资源研究多年，字里行间透露出非常资深的经验。“人人都具有领导力”是我和他的共识，只有追求领导力的提升，才是走出执行力困境的正确道路。

——樊登读书会创始人 樊登

做人才管理要紧跟时势，要具备着眼于现在和未来的时空思考观。许锋博士给我们提供了很好的切入点，每周一次的分享，立足行业，超越现状，给了我们很多启发和思考。相信参与的同道者都能找到属于自己的领导力。

——药明康德集团 COO 童国栋

我们每个人都有领导力。

领导力就流淌在我们的血液当中，

生长于我们的基因里面。

在我们工作的点点滴滴里，

都有可能体现出自己的领导能力，

我们也有可能、有机会去实践和应用自己的领导力。

领导力从来都在那里，

只是你可能从来没有唤醒过它。

—•— 【序 言】 —•—

1996 年我大学毕业后，加入了世界 500 强公司——宝洁，从那个时候起，我开始从事人力资源工作。2004 年我加入了咨询公司，在这个过程中，服务了非常多中国领先的企业，比如万科、腾讯、美的、华为、招商银行等等。一方面，我帮助它们搭建和建设了人力资源体系，帮助这些中国企业快速地成长；另一方面，我也给很多朋友，包括人力资源从业者、管理者们，就他们自己的职业想法、未来工作的规划，提供了一些建议。

2013 年，出现了像喜马拉雅这样的平台，这是一个能够很好地把自己的观点传播出去的平台。其实无论是给人力资源从业者、CEO，还是给企业做咨询，受众都是很有限的，再厉害的人一年大概也就能服务 20~30 个客户；做论坛、做演讲，影响的也就是只有几十或者几百人。但是有了喜马拉雅这样的语音平台，受众一下子就会增加很多。我的喜马拉雅节目《打造人才供应链》从开播到现在已经有一年多的时间了，节目的累计收听量已经接近 500 万，平均每天都有两万人左右在收听。因为有了这样的积累，我也很感谢出版商，还有我们公司市场部的同事们，他们帮我把过去一年曾讲的一些主要内容整理出来，就变成了今天呈现给大家的这本书——《人人都有领导力》。

整本书节选于我在喜马拉雅许锋博士频道里的 60 条语音，这些文章基本上分成5个主题：领导力发展篇、自我认知篇、人事招聘篇、人才管理篇、绩效管理篇。这里的每一篇文章，无论是在语音录制的过程中，还是在平时的思考里，我都是花了很多的时间和心血的，基本上总结了我二十几年来从事人力资源管理、从事咨询行业服务的经验和想法，整本书的文章都非常简练、易读。正因为有这样的一个平台，它给了我这样的一个机会，让我可以把这些浓缩的观点、思想精华，在较短的时间里，用碎片化的方式让大家能够进行快速地学习。

我记得有一篇文章叫《CEO是一种孤独的职业》，现在的收听量有十几万，反响很热烈，有很多人给我留言，在微信里也有很多人给我私信，说这个讲得非常好。这个观点是我在做咨询、在给企业提供服务以及我在创立倍智的过程中的感受和体会。不是每个人都能忍受得住这样一种孤独和寂寞，诚然CEO有他光鲜的一面，但同时又有很多常人很难理解或者很难体会的一面。这篇文章给很多未来想创业或者正在登顶过程中的职业经理人提供了一些启发。在文章里面，我把CEO比作一只美丽的天鹅，它非常优雅地漂在湖面上，看上去非常美丽高贵，但我们看不见的是，它的脚掌在水里面不停地划，而且几乎没有机会去和人分享它的痛苦、它所经受的压力。对于整个公司来说，当需要去抉择和判断问题时，在面对压力的那一刻，一把手和二把手的差距是非常非常大的。

另外还有一篇《从来没有一个东西叫做职业规划》的文章，

这也是我在给各个高校去做职业论坛、做职业辅导的时候，经常讲的一个很重要的观点。最早是在 2006 或 2007 年，我去给清华大学的同学讲了这个内容；后来在我自己公司的校招中，特别是从 2012 到 2013 年，我连续走了 10 所学校的职业发展中心，给同学们做职业规划的讲座。我自己也是很多校外职业发展辅导的兼职老师、兼职教授。在这个过程中，我有一个很深的体会：在高校里面，我们很多老师从来没有就业过，却在做就业辅导的工作；另外我们很多企业的 HR，无论是在宣讲会上还是在应聘者加入公司以后，会面临这样或者那样的职业规划问题。

就职业规划这个事，在我的文章里面讲得很清楚，很多时候我们很难去规划一个人长期的职业发展方向，它取决于社会大环境，而不是小环境。一个公司不发展，不成长，天天要裁员，走下坡路，那公司过去无论有多少辉煌的历史，有多么伟大的成就，所有的职业发展都是空中楼阁，没有意义，没有价值。你看，即使像我以前任职的世界 500 强公司，员工的职业规划和培训都是做得很棒的，但为什么每年还是有这么多人离开这个公司，离开这个行业，而加入其他公司和行业呢？因为本质上不是职业规划体系出了问题，而是这个行业出了问题；另外，这行业所需要的个人能力和现实中的个人能力是不匹配的，一个增长速度很缓慢的行业，是很难满足一个要求快速成长的人的，就会出现这样一种矛盾。这种矛盾不是公司职业规划的体系和制度能够解决的，这是个错配问题。

所以我们首先要看到不同的行业、不同的经济体和经济大环境、人的个性驱动力价值观、自我实现的渴望之间的匹配，这种是更重要的职业规划。还有就是对个人的认知很重要，我去大学给同学们讲课的时候，发现很多人其实都很迷茫：“我下一步该再怎么走？”现在这段时间互联网热，就去投互联网公司；过段时间房地产热，就投房地产公司，赶场似的。现在学校的宣讲会也是一天要排三四十场，但其实非常多同学有选择困难症；在企业里面也是一样，我们看到这些人加入企业后，3 个月、6 个月就离职了。虽然当时信誓旦旦一定要加入这个公司、这个行业，但最后他们都没能在这个公司或行业坚持下来。

另外“绩效管理篇”里有一些文章实际上是对一些热点的响应和回应。比如说《该警惕的不是 KPI，使我们对 KPI 的定义》，这是回应当时张小龙的一篇叫作《警惕 KPI 和流程》的文章。作为一名业界知名人物，他的每一个观点都会影响到很多人，然后很多人会拿这个来说事儿。当我的这篇文章出来后，有很多人给我留言，说：“许老师你讲得太棒了，你讲的东西澄清了很多问题和观点。”KPI 从来都没有错，是你所定义的 KPI 出了问题，KPI 不只是指财务指标那些数字上的东西，KPI 是一个指挥棒，反映了整个公司战略的诉求。不同行业、不同企业、不同岗位的不同发展阶段，所需要的 KPI 是不一样的，不能一概而论。另外我们需要严格地考虑，这个 KPI 究竟是一个突破类的指标、提升类的指标、跟踪类的指标，还是一个维持类的指标。对于不同指标，公司需要倾注的精力是不一样的。到时候我们说 KPI 出了问题，它是在维持类和跟踪类的指标上出了问题，很多企业或人力资源从业者把这些指标作为公司或者部门发展考核的标准，这个是不对的。从绩效管理的角度来讲，整个公司需要考虑的核心是：我应该在什么地方去突破，在什么地方去改善和提升。如果按这样的方式去定义 KPI，HR 的想法、思路就会和 CEO 的想法、思路完全一致，这时候 KPI 就不会有问题。

本书有 60 篇文章，实际上也是做了充分的精选，我相信大家能仔细认真地阅读这些文章，或者也可以去喜马拉雅平台收听我的语音，这样应该会有更多的收获和更多的思考、总结。我们之所以把这本书的书名定为《人人都有领导力》，核心在于领导力本身就存在于我们每个人的血管里，只有去不断地挖掘、去实现、去突破，才能把我们的潜能都发挥出来。

在宝洁的时候，我是《提高你的个人领导力》课程的认证讲师，这门课程的核心就是讲我们每个人都有领导力，不是只有那些伟大的领袖才有，也不是说所有的领导人都会振臂高呼，应者云集。领导力存在于我们每个人的基因和血液里，而且在我们的现实生活中，也都要求我们每个人都应该具备领导能力，无论你是管人、管事还是管项目。“人人都有领导力”是一个很好的自我认知，另外就是你要不断地去反省、改善和提升自己，并且以结果、以目标为导向，带动他人一起去奋斗，去完成一个目标。

这本书讲了很多关于人力资源、人才管理的事情。这些都是与我们每一个人息息相关的事情，它能够更好地帮助我们提升领导力，提高自我认知，完善队伍人才管理，从而能够提高个体和团队的效能。这样的话，我们每个人在组织里面才可以做到人尽其才，更好地实现人岗匹配。人人都有领导力，每个人本质上都是天赋异禀的，那么核心是这个人有没有好的自我认知，放在正确的位置，另外他是不是有好的榜样，或者是否有老师来引导他去不断挖掘自己的潜力，不断认识自己的问题，从而能够不断地去提升自己的效能。

就像这本书的书名一样，我祝愿所有的读者能够从这60篇文章里面汲取到他们想要的养分，能够通过这些文字找到更好的自己，找到更有领导力的自我，从而能够实现更好的自我价值的提升。

最后我要感谢出版公司的工作人员、倍智人才研究院的同事们，还有我的客户们，因为我这些想法的形成，和最后能落实到书的出版，都和他们的努力和贡献分不开，这里就不把名字一一列举出来感谢了，你们对我的支持将永远铭记在心，期待我的书能够早日面世！

许 锋

2017年10月27日

目　录
Contents

Part 1 领导力发展篇
人人都有领导力，如何快速变身当领导

Part 2 自我认知篇

正确认识自己，持续不断地成长

Part 3 人事招聘篇

如何搞定人才招聘

Part 4 人才管理篇

如何合理地用人

Part 5 绩效管理篇

如何打造高绩效团队

Part1 领导力发展篇

人人都有领导力，如何快速变身当领导

01 如何从专业人才变身管理高手?

扎克伯格在回答企业家和开发者的提问时，曾说过这样一段话：“我真的很怀念写代码，那是一件优雅的事情，你想做什么，代码都能够帮你做到，而人就不一定，当然人也有人的好处，因为有时候他们的表现会超过你的期望，甚至会带来很多惊喜。”

这段话也引起了很广泛的讨论，而对于我来说，也有类似的经历，我其实也会非常怀念做顾问——作为专业人员的时候。2004 年，我成为一个咨询顾问，那时候的工作非常聚焦、单纯，因为无非就是解决客户的人力资源问题，当问题解决后，客户若是满足与喜爱，便可以非常快地从所从事的专业工作中得到回报，所以也就很容易获得成就感。而现在作为管理者，所负责的事情就会变得复杂，面对的对象、处理的问题也会变得多元化、具体化。因为管理人员面对的大部分事情不是项目问题，而是公司人员、公司架构、投资人等问题。这就是 CEO 或者说管理者和专业人员不太一样的地方。

而每个人进入职场的时候可能都会有一些入职教育，就是以不同的方法论解释人的职业发展通道。在我看来，职业发展通道可以用英文字母“Y”的形状来比拟。那么这个字母形状的特点是什么呢？它的下半部分就像是一根棍子，它的上半部分如同一个分岔路口，就好比一个职场人员，工作了一段时间后，他会面临一个分岔路口，向左走是管理通道，向右走是专业通道。而每一个人都会经历这样的阶段，一开始，有很多人并不清楚自己该走向哪一个职业通道。

职业规划向来是很难的，因为很多时候职业发展是跟随着环境的变化而变化的，其中有很多不确定因素，很多时候一个人会因为一个机遇，从而成为某个领域的专家或者是一个企业的领导者。所以在职业生涯的早期，不要去判断或者去分辨自己究竟是要做一个管理者，还是做某个领域的专业人才，而是要在职业生涯前5年做好一个积累，就好比是等待“那根棍”形成，到了某个节点以后，自然而然地会产生一些分化，即是应该走管理通道，还是走专家通道。

那么具体要成为一个优秀的管理者，又该怎么样去做？很多人希望成为管理者或者是一个领域的“大咖”。但不管成为什么，都需要在某一个领域中积累相当长的一段时间，只有积累到一定时间以后，才有可能寻找到突破的方向，而一旦突破了以后，它的道路就更像一个“T”字形，也就是一根棍子上面是横着的一部分，这时候更重要的是要横向地去拓展各个领域的知识和一些关键技能，只有这样，自身的管理能力才会逐渐提高。很少会有一个CEO只懂相关技术而其他事都不懂，因为下属什么事都得问你，所以你需要掌握各方面的知识技能。不管你以前是个程序员还是一个顾问，早期职场经历都是“一根棍”，但是这根棍长到一定程度后不能再长了，这时就要横着拓展，那么就必须要懂财务、市场、客户、风险管理、安全人事制度等各种职能知识，原则上不可有盲点，因为一旦有盲点，那么作为一个管理者，就难以对重大事项做正常、准确的决策了。而个人横向拓展的宽度是随着企业发展规模的扩大而逐步加宽的，它不需要在某一个领域深入研究，而是需要提高横向拓展能力。但一些人横向拓展的能力比较弱，他的发展长期像是一根棍，别人开玩笑便会说：“你长得就像一根棍似的”，这也就是说一个人在某个领域中深入研究，就会反映他在其他领域的学习心态和意愿相对而言是不强的。除了专业领域，他对其他事不敏感、不主动，那么他更可能成为一个专才。

当然在任何一个国家或单位里，专才都是有用武之地的，但在一个公司里面，不能都是专业人才，还需要有一些通用人才，即我们通常所说的管理人员，他们可通过横向延展，把“每根棍”都串起来，形成有效管理，成为管理高手！

02 如何管理越级指挥的领导?

在职场上，每一个管理者都有自己固定的管理范围，但有些管理者，特别是在一些规模相对大一点的组织，就会出现越级指挥的问题，也就是公司的高层管理人员跨级到基层管理事务。高层越过了中层的经理等管理者，直接对基层发令指挥，这时就会形成一种比较尴尬的局面：原本由中层直接领导的基层，这时又必须听高层管理者的领导。中层夹在中间就会感到很困惑，他们对越级指挥通常比较反感，因为他们觉得这触犯了他的权威；其次，在往后做事情的时候，特别是当他的工作思路和方法与上层有一些分歧时，他就会感到比较为难。

在企业中，中层人员实际上扮演的是承上启下的角色，他们需要落实公司的整体战略，然后督促员工做好交付，完成任务，同时他也要做好另外一件很重要的事情——就是要管理好自己的上级。很多时候管理下属，是分内的事情，而管理上级也是必须要做的事情，倘若未能管理好上级，以后则会出现更麻烦的事情——越级指挥。

那么中层人员怎么管理好上级呢?

第一，要经常向上级汇报自己的工作情况，在很多问题上要和上级进行沟通，以求达成意见的一致。否则一个组织中有两种看法，无论是自己还是上级，工作起来都不会太顺畅，而员工也会因为你们的分歧而感到左右为难。因而在遇到一些方向性、从未处理过的事情时，与上级提前进行汇报沟通是非常重要的。在恰当的时间点，恰当的、合节奏的汇报越多，领导对你就会越放心，对你的授权也会越多。

第二，要和领导建立一种固定的沟通机制。

无论是一个月一次，还是一个季度一次，总之一对一的谈话很重要。汇报，是日常的工作；而一对一的沟通，通常是对阶段性工作的总结，这个时候便可以向领导反馈。到时可以准备一些问题或者一些想法，就未来的工作展开思路，在一个相对封闭安全的环境里面，大家心平气和地去憧憬未来，并对未来的发展方向达成一致。同时通过一对一谈话，你也可以和上级建立比较好的信任关系。

第三，管理上级的时候需要做出反馈。

当你发现上级在做一些越级的、让你不舒服的事情时，你可以跟领导说："老板，下次你可以先跟我说一声，我会来处理的。"同时在交流中说明你的想法，那么领导在考虑到你的想法后，也会知道下次该怎么处理。

对于高层，他们之所以会越级指挥，是希望能够尽快地处理事务，但是无论是处于哪一个阶段的公司，作为公司高层，需要把握的一个基本原则是：布置工作的时候需要层层安排，但是检查工作就可以一竿子插到底。

在检查工作的时候，为了了解组织的工作结果是否能与当初制定的方向目标达到一致，高层就需要去查看每一个现场的作业人员是否清楚企业的目标。检查工作其实也是对中层执行力以及整个管理水平的督促和检验的过程。但在布置工作时则不可一竿子插到底，否则不仅会引起中层的不满，基层员工也会因此遇到任何事情都去找高层决策。这就导致高层管理者永远处于忙碌中，而中层人员好像什么事也决策不了，从而造成企业在管理角色上的错位。

总之，高层在一些特殊与危急的情况下可以进行越级指挥，但是在通常情况下便不能经常为之。于中层而言，上下级均需管理好；于高层而言，遵守基本原则最重要，否则公司也会因此而乱了套。

03 9项关键领导力让你的企业脱颖而出

我们所处的VUCA时代，是一个具有易变性、不确定性、复杂性、模糊性的时代。因而在这样一种时代下的经济环境也是极度不确定的，所以当下几乎所有的企业都面临着巨大的困惑：在不确定的经济环境下，企业该如何寻找突破的方向？

倍智人才研究院最近做了一个基于实测的调研问卷，并对研究院本身测评的数据展开了调研，其中样本覆盖了18个行业的890多家企业，员工总数有5万8千多人。而调研想解决的问题是：究竟什么样的领导力，能够帮助企业在VUCA的经济环境中，成就行业的领先地位。

在调研中，依据数据，我们将企业过去3年的营收状况分成两组来做对比研究，其中一组是高增长组，这组中的企业绩效通常能够维持双位数增长，另外一组即为低增长组，然后对比分析这两组企业的领导力的状况。

那么对照结果表明，在高增长组的企业中，有62%的领导人的领导力处于优秀水平，27%处于中等水平，11%处于较差水平，但是对照组低增长企业中只有26%的管理者处于优秀水平，42%

处于中等水平，32% 处于较差水平。

我们可以看到高增长组中的企业，有六成以上的管理者为优秀的领导者，只有一成左右水平较差，两组的领导者水平形成了巨大的差异。

所以业绩不好和领导人有很大的关系，一个绩效不好的公司当中的低水平领导者所占比例也会比较大。

那么这两组企业的领导者又有什么异同呢？根据对领导者的 20 项领导力表现的测量研究，在分析了大量数据后得出了一个重要的结论：在 20 项领导力里面，有 11 项无论是在高增长还是低增长公司里，领导者的表现都差不多，但在另外 9 项领导力上，领导者的表现却有很大的差别。

而这 9 项领导力是绩优公司之所以在不确定的经济环境下，依然表现得很优秀的重要原因。那么这 9 项能力是什么？即商业洞察力、创新与变革、做出复杂的决策、工作重心的管理、流程管理、塑造高绩效团队、有效沟通、自我驱动和抗压能力。

在这 9 项能力中，可分别从管理战略、管理人际、管理自我的三维角度分析，前 5 项能力和业务有关，属于管理战略方面，高绩效公司的领导者在这方面的能力更胜一筹。

他们更善于在不确定的经济环境下理解商业的本质及其变化，

做一些创新和变革的工作，而且在没有数据支持的情况下，勇于做出决策，还能够不断调整工作重心，平衡公司长短期的发展需求，合理安排整个公司的进度，同时也非常注重内部工作流程的优化。

而对于和人际管理有关的两项能力，塑造高绩效团队、有效沟通，以及和管理自我有关的自我驱动和抗压能力，低绩效企业的领导力均不及高绩效企业。

在如今的 VUCA 时代下，很多企业已经不再强调个体领导力，那些企业中的个人英雄主义在这个时代好像失去了作用。企业更多时候需要考虑的是打造团队的领导力，以实现企业真正有效的提升，以及管理人际方面做的有效的沟通。一个高效的组织的沟通方式是多元开放、真正有效的。

所谓有效的沟通是企业从来都不需要担心是否有 over communication（过度沟通）的问题，无论是对内还是对外，企业需要担心的只有沟通不足的问题。而高绩效的组织，他们在有效沟通上，无论是领导人的素质，还是整个组织的机制和氛围都更好。在如今的职场上，无论是基层员工还是领导干部都会有压力，那么在这种情况下，高绩效企业的领导则更能在压力环境下爆发他的小宇宙，从而实现自我和团队的价值。

在企业中，这 9 项领导力是在当下经济环境中，去衡量一个领导者是否优秀的标准，而其余的 11 项则是对领导者的基本能力要求。现在的很多企业，在定义领导人的能力素质要求的时候，把客户导向、知人善任两方面能力作为核心素质，但通过调研发现这两项能力只是基本要求，这两项能力即使再突出，也不能够将组织带领到一个新的发展天地。

当然，如果一个领导连这两项都做不好，他就不是一个合格的领导人，而对于企业，要在 VUCA 时代中崛起，真正需要做的是加强与发展带来差异化的领导者的 9 项能力。

04 企业如何打造无边界组织

通用电气公司（GE）大名鼎鼎，只要是企业职场人士，都对它十分膜拜。被称为是“世界第一 CEO”的杰克·韦尔奇在任时做了很多变革，GE 现在能够发展成为一家伟大的公司，和杰克·韦尔奇以及他所做的变革有很大的关系，其中一个重要的改变，就是杰克·韦尔奇所发明的无边界行为。

无边界行为也称为无边界组织，其基于 GE，有 13 个业务集团的组织，每个集团和业务之间都有它的边界和一些固有的资源势力，要让它成为一家伟大的公司，就必须把这个边界打破，从而让 GE 像一个小公司一样灵活。

当然在这种情况下，很多人会担心组织变成无边界以后，原本井井有条的组织管理是否会发生变化，结果证明：正是因为有了这样一个无边界组织，才创造了一种自由、轻松、平等的沟通环境。他的继任者杰夫·伊梅尔特，也花了近 70% 的时间沟通与建设这种无边界组织。

在克劳顿村高管训练营中，每年都会有 200 多接近 300 场的高管训练，而公司的高管领导人也会定期在克劳顿村中让高管们发表意见，并听取相关意见，同时创造一个平台让大家能够相互促进与学习，做一些群策群力的活动，这也是建设无边界组织的一个重要手段。倘若缺少这样重要的平台，只是单纯地进行沟通，那么建成一个无边界组织的效率便不高，甚至难以建成。

在中国也有很多企业希望建立无边界的组织。无论企业规模是大还是小，都一定会存在不同的分工部门，当然也包括一些初创企业。所以即使是一个小公司，也好像很难实现无边界管理，而难以实现的原因往往在于管理者、最高决策层在沟通方式上所投入的精力不够。那么企业要想建立无边界组织，在建设的过程中就要注意 3 个沟通的问题：

第一，横向沟通比纵向沟通更重要，打造团队领导力比打造个体领导力更重要。

很多企业领导人非常善于纵向沟通，所谓纵向沟通便是，在所分管的部门内可以把工作安排得井井有条，使得彼此沟通顺畅，团队团结友爱。但一旦跨部门沟通管理时，便会有很大的障碍，因为他们在横向沟通上所花的时间很少，甚至几乎没有。他们没有做过这样一些准备和铺垫工作，相互的理解也不够，所以表面功夫有很多，但是很难解决实质性问题。所以想要建立无边界组织，就一定要建立一种跨部门、跨区域横向沟通的协作机制或者平台。

像最近很多企业所做的领导力、团队建设一样，其实这些高管们，特别是阅历丰富的高管，他们自己本身就有很强的国际视野以及成就动机，因而他们所需要的是一个能够相互沟通讨论的平台或机制。所以最重要的并不是打造个体的领导力，而是打造团队的领导力。因为我们所处的时代，要培养一个超级英雄很难，但是让每个团队协同合作，相互取长补短，这是更容易做的。

第二，一定要提前沟通，特别涉及横向的、无边界的问题的时候。

为什么呢？因为每个组织团队，无论是大企业还是小公司，都有自己要负责的工作领域。当在一些重要场合、重要决策的流程节点上，和其他横向相关的单元发生关联甚至冲突的时候，一定要提前进行沟通交流，不能突然提及，否则这样会产生矛盾、制造障碍，导致双方本来就不高的信任度迅速下降，从而很多团队领导人或者部门负责人就会产生嫌隙甚至导致合作不愉快。

第三，在无边界组织当中没有过度沟通，只有沟通不足。

在组织中不需要担心是否存在过度沟通的问题，需要担心的是沟通不足的问题。所有的沟通如果不能够转化为具体的工作行为，没有人继续跟进，那么这个沟通就是失效的，这种无边界组织就是貌合神离的，是没有建立起来的。

无边界组织是很多企业的追求，目的就是要提高和改善整个组织的经营效率，但是在这个过程中一定要注意沟通的方式，尽可能创造一个平台以提供更多的机会，去让横向沟通的人员能够进行思维的碰撞，就像GE在克劳顿村所做的高管训练一样打造团队的领导力，这才是创造无边界组织的一个重要手段。

05 组织中不缺人才，缺的是落实目标的管理型人才

领导力以及领导力的培养和培训，目前应该是在中国企业中非常火热的话题。因而在很多企业中，也会有很多要提高公司员工领导力的需求。那么怎么来理解这个现象？在一个企业中，对员工领导力的培养与发展是必要的，但实际上无论是中国企业还是外企，很多时候所面临的不一定是领导力缺失的问题。我们可以看到很多组织之所以发展得不好或者说绩效不是很好，很大程度上是由企业战略有失偏颇、方向凌乱以及管理不足造成的。

在任何一个组织里其实都有这样的人才，他滔滔不绝，有着描述不尽的愿景，他振臂一呼就能够唤来很多人，同时也能制定恢宏的目标来激励个人、团队去做事。在组织里从来不缺这种人才，那么组织里实际上缺的是什么？缺的是把目标扎扎实实地落地实施的管理型人才。

当今世上被誉为最具有原创性的管理大师、加拿大麦吉尔大学的资深教授，同时也是一个战略思想家——亨利·明茨伯格，他有一个很重要的观点：现在是领导太多，管理太少。很多时候企业是由没有做多少具体管理工作的 CEO 去宣布各种业绩目标，但实际上真正去完成这些目标的是那些在做管理的人，而很大程

度上这些目标是没有达到共识的。与此同时，这些目标是否能落地好像又不太被关注。

所以亨利·明茨伯格教授经常批评这种只会坐在办公室里不切实际地发布目标，然后要求别人去实现，而不是脚踏实地地去帮助企业提升业绩的领导者。CEO 们离一线越来越远，而目标与战略方向的制定，又必须要有来自一线以及各个层面员工的声音。我国很多优秀的企业，比如华为、腾讯等这些公司的领导人并非每天坐在办公室里发号施令，他们天天要往市场上去奔波。

只有天天和企业的目标、受众群体在一起，对他们进行深入了解的领导人，他们制定的目标才是可执行的。

很多时候，企业在培养与发展领导力的时候忽略了一个很重要的问题：就是究竟要发展什么样的领导力。是要把每个个体打造成英雄式的人物，还是要让团体组织具备一种团队共性领导力，以实现组织的使命和目标。这两者是不一样的。

以前大部分领导力的培养和发展都是以个人为中心的，专门培养的是经验不足、愿景不够、表达有问题、战略思维不行的个体，但实际上每个个体的能力再强，在这个组织中也难以成为英雄。

那么企业便需要在组织中培养一个小团体，而团队力量的打造，很大程度上是一种管理协同，它需要扎扎实实地去面临具体的问题，让一个团队共同去思考问题，然后协力解决，这就是团队领导力。

所以组织中的员工不应该是某一个英雄式的人物，而应该是一个英雄式的团体，这种团体能够把管理和领导力协同考虑。

有时候企业有意识地把领导力与管理能力分得太开，好像感觉只要打造领导力，那么就能够自然而然地解决管理上的事情，事实并非如此。

管理是非常低调且十分注重细节的，细节决定成败，而不是说领导力决定成败。一个组织不会因为缺少一个英雄式的领导人物而失败，但是如果没有人对细节执行进行关注，没有一个能够真正扎扎实实地去落实和达成组织目标的稳定团体，那么企业失败的概率才会更大。

所以无论是中国企业还是外企，必须在关注领导力打造的同时，也要注重管理能力的提升，把管理和领导力放到同等重要的位置上一起考虑，不要急于打造英雄式个体，而要去打造团体领导力，只有这样的团体存在，组织才有可能去实现目标和提高绩效。对于目标，当团体足够成熟、思想足够统一的情况下，就能够水到渠成地达成目标，不用呼唤，也不用慷慨激昂地演讲，那么组织也一样会大步向前、快速发展！

06 CEO是一种孤独的职业

2016年，苹果CEO库克接替乔布斯已经5周年了，他在接受《华盛顿邮报》采访的时候，说了一句话："带领苹果是个非常孤独的工作。"

很多人说："唉，你这不是矫情吗？乔布斯去世了以后，把这么伟大的公司交到你手上，那么多媒体天天围着你采访，那么多用户天天排队去买你的苹果手机，你获得了巨大的利润，获得了巨大的荣耀，你怎么会孤独呢？"

其实关于CEO孤独这样的话，不仅库克说过，马云和杨致远也讲过。和库克一样，CEO们表达的想法和表达的意境是相同的。

我创业之前，也是一家著名咨询公司的全球合伙人，负责整个华南区和华北区的业务，现在我是一个不大不小的公司的CEO。

我们公司从2011年开始创业，到现在也有6年多的时间了，中间经历了非常多的风雨，面临过非常多的困难和挑战。当然，到现在我们基本上也都走出来了，所以听到这句话的时候我是非常有感触的。

CEO 为什么是孤独的?

首先，CEO 面临的通常都是最难的工作。而在这些工作中，很多是无解的，很多时候是没有范例、没有案例、没有模式可参考的，他必须要自己做出决策，做出选择。

很多人说：“唉，我们老板决策速度很慢，我们老板没有魄力，这个不就应该这样决策吗？”

我相信，说这样话的人是没有真正当过一把手的，没当过老板的。一把手和二把手的区别，不只是多了一横，由一变成二，副手所具备的能力和一把手所具备的能力的差距是非常大的。

有一年《南方都市报》给我做了一个采访，我当时刚刚晋升为华南区的一把手，他问：“当你变成一个总经理以后，你有什么感觉？”我回答道：“那感觉就像指挥员手里拿着一把手枪要发号施令的那一刻。”

当你从二把手变成一把手以后，你就拥有了权力，虽然你手里拿了一把枪，这把枪可以发令，但同时你得知道这把枪打出去以后会带来什么后果。发枪的那一刻，你所要承受的压力是没人能够帮助你的，不是说我们多读几天书，听听音乐，压力就能缓解了。作为指挥员，“嘭”地一枪打出去，打早了，你的战士们冲上去可能就被别人干掉了；打晚了，那个阵地就丢了。最后结果就是受到众人抱怨：“你是怎么打的枪？”所以当你是个二把手的时候，你可以天天批评领导决策不果断，但是当你真正站到他那个位置的时候，你做得也许比他还差。

这就是一把手所要面临的问题，这些通常是在信息很不充分的情况下需要去做出决策和判断的问题，而在那一刻的判断是没人能够帮他的，所以他是孤独的。

我在给企业做服务的时候，采访过非常多的企业员工，他们基本上会说企业能够走到今天都是靠老板的英明决策。当我采访老板时，他告诉我："哪是什么英明决策，我就是运气比较好，我赌对了方向，才成就了公司的今天；如果我那一刻没有赌对，你就见不着我，见不着这个公司了。"

这，就是 CEO 所面临的特别难的事。

很多时候我们说："我可以帮老板分担责任。"的确，很多事我们是可以帮助老板分担责任的，比如说市场的问题，比如说客户的问题，比如说业务的问题，但是我们分担的只是一部分。当他真正地去面对公众、面对媒体、面对投资者、面对董事会的时候，这些是没人能够替他分担的。如果是一个创业型的企业要倒闭了，账上没钱了，你会指望员工们凑钱把这个公司养活吗？公司要活下去，这个责任谁来负？还是得 CEO 来做决定。

你会指望每一个人去想尽一切办法去融资，来救活这个公司吗？大部分情况下还是 CEO 扛这个事。我们看到很多创业的团队，最后没钱了，都是创始人把自己的房子抵押了，把自己的车卖了，换成钱来让这个公司活下去。在那一刻他所面临和背负的压力是巨大的，是无人能够替代的，所以他是孤独的。

CEO 一方面享受了很多荣耀和光环，同时他也要承受非常多常人所不能够体会的痛苦与压力，而这些痛苦与压力是无法分担的。他不能说："我们公司现在情况很糟糕、很恶劣，我们要努力干、加油干啊。"没有人会这样讲话的，这样讲话，最终会导致人员流散。所以一方面他要微笑地对大家说："我们公司很有希望"，同时自己又在偷偷抹着眼泪。

天鹅在水里浮起来的时候，它是很优雅、很漂亮、很高贵、很大方的，但我们没有看到天鹅的脚在水里不停地划。CEO 很多时候就像是一只天鹅，我们看不见它的脚在水下面划，只看得见它的高贵大方。当然，也正因为是天鹅，所以他才有可能飞得很高，飞得很远，既成就团队，也成就自己。

我们之所以能在这个时代不断地前进，是因为有这样一群伟大的企业领袖、伟大的 CEO 们，他们为这个时代付出了很多，做出了巨大的贡献。但与此同时，他们确实是非常孤独的，所以让我们一起向这样一群伟大而孤独的领袖们致敬，祝他们在事业上能够取得更好的成绩。

07 人人都有领导力，只是你没有唤醒它！

什么是领导力？可能每个人都有不同的定义。

我遇到很多人，他们说自己又不是领导，怎么会有领导力？除非他们像马丁·路德·金那样：I have a dream（我有一个梦想），我才有领导力；或者说像约翰·肯尼迪那样要把人类送到月球上去，才有领导力。

其实不是这样，我们每个人都有领导力！领导力就流淌在我们的血液当中，生长于我们的基因里面。在我们工作的点点滴滴里，都有可能体现出自己的领导能力，我们也有可能、有机会去实践和应用自己的领导力。

领导力从来都在那里，只是你可能从来没有唤醒过它。

领导力对公司很重要，对个人也很重要。它是保障公司实现目标的一个条件，它是个人能够实现自己目标的一个前提，它是我们能够创造和革新的一个动力源泉，同时也能提升我们个人的满足感和成就感。

怎么样才能够唤醒我们身体里的领导力？下面有几个关键点：

1. 描绘愿景、放眼未来

我们要学习去描绘愿景，去放眼未来，这是第一步，也是非常重要的一步。

我们看到所有的领导者，或者我们认为领导力很强的人，都非常善于描绘愿景、放眼未来。这意味着他们能够对未来不确定的东西做一个描述，把它抽象化，描述成一幅图画，能够让其他人都知道要朝哪个方向走，走到那个方向以后大概会怎样，这是非常重要的。

史蒂文·柯维在《高效能人士的七个习惯》里讲到，成功人士非常重要的一个习惯就是以终为始。我们要想达到目标，就得从我们想要去的那个地方开始，然后去制定我们的路径，从而才能够一步一步接近它。

但事实上，很多人是非常忙碌的，非常受规则、条件的限制或约束，他们不断地去做一些重复的事情，甚至不知道今天做的这件事情的目标和未来会发生什么样的关联，这是因为缺乏对未来的一个描述。

这个未来既可以是公司的未来、团队的未来，也可以是个人的未来。当我们对未来描述得越清楚，那么我们就越有可能接近它，当然，学会描述未来、描述愿景，是对我们自身思维模式的一个改变和要求。这种改变和要求看起来好像很简单，但做起来非常难，因为这是一个习惯的变化。我们经常说要想改变世界，必须先改变自己，所以我们要想唤醒自己心中的领导力，必须从改变自己的思维模式开始。

那么我们该怎么样去描绘一个未来呢？先从描绘理想状况开始。任何时候我们都很清楚现状是什么，它一定有空间去改善、去调整、去提升，它变化和提升的极致就是它的理想状况。

比如说我们生产的理想状况是零库存、零缺陷；我们经营的理想状况是持续发展，成为行业或者全世界的标杆和领先企业，这是大的方面。在某个领域再细分，我们可以把它做到极致，这就是可以去描绘的。因为我们一定能够找到一个空间，去改善我们现有工作中的某一些点，这个点可以是痛点，也可以不是，但无论怎么样它总是有缺陷的。

当我们能够非常清楚地去描绘某个事情或者某个任务的理想状态时，我们就能够去描绘它的未来和愿景。对于愿景来讲，描绘得越清楚，你就会越来越接近它。

就像我们总是说自己有个想法，本来连我们自己都不信，但说得多了以后你自己也慢慢就信了。

所以，唤醒我们心中的领导力或者提升我们自己的领导力，一定是从描绘愿景、放眼未来开始的。

2. 聚焦于可能性

这是很重要的一点，当我们需要去提升领导力的时候，我们一定要聚焦于可能性，我们叫“focus on possibility”，这是一个很大的区别。

我们看到很多卓越的领导人在做事情、做决策、判断一个方向的时候，首先考虑的不是这个怎样不行、怎样不可能，他考虑的一定是这事存在哪些可能，或者用哪一条路径能够把这事干成。

当我们把目标、想法和思路聚焦于可能性的时候，我们的领导力就被真正地唤起来了。

我经常听到很多企业员工这样来描述一件事情：“这个东西肯定干不成”“这个事领导不会批”“我们以前曾经干过啊，失败了！”……这些都是有可能在我们现实生活中发生的事情，同样的事情、同样的目标、同样的场景，我们失败过，那么我们就觉得它的可能性在下降，但是如果这个东西是和我们的商业机会、职业成长紧密相关，那么我们一定要想尽一切办法去克服，因为它总有一种可能性去实现，只是我们现在还不知道它的路径是什么，但是我们不要把这个门给关上。

另外在企业里面我们会听到很多声音，它之所以被认为是不太可能的，是因为从来没有成功的案例，不是因为怕犯错或者怕完不成，而是因为不知道该怎么做，所以觉得这不可能做成，这个在企业里面也是非常常见的。

当然我们觉得在组织里面也好、企业里面也好，如果有更加包容和可以试错的文化，那么我们心中的领导力就能够发挥得更好、更快一些。

我记得在网络上曾有一个非常流行的段子：京东的刘强东开会，问大家："我们明年的目标要增长 × 倍，你们觉得这事怎么样？"有一个高管回答：明年我们的困难会是哪些，增长的可能性应该不会这么大。刘强东说："我的问题是我的目标要增长多少，而不是不增长多少，这是两种不一样的思维，两种不一样的思考问题的方式。当你把你的思路和你的焦点聚焦在可能性上面的时候，你会发现你思考问题的方式是完全不一样的。"

有一年我在和新加入公司的同事讨论的时候说："我们这里现在总共坐了 30 位同事，都是刚刚加入我们公司的新同事，我现在说明年的今天，我们 30 个人一起去完成广州的全马，有没有可能？"下面炸开了锅，有些同事说："其他事我都能办到，我这个人就是不能够长跑，不善于跑步。"也有人说："完成全马的可能性很小，你想想这个报名名额是很紧张的……"总之有很多不同的声音告诉你，这不可能。

然后我就问大家："我们想一想，我们怎么有可能，我们想想这种可能的方式是什么？"

全场静了一下，慢慢开始有人出主意：“如果我们要做成这件事，我们 30 个人首先要训练，要把现有这些人的体能状况摸个底，摸完底以后我们需要找教练，同时要有严格的训练计划；另外还需要找人帮我们做指导，他们经验的传授可能对我们有所帮助；还有就是我们得非常清楚这 30 个人里面谁的体能最差，会不会需要更多的帮助。”

这时候你会发现，我们会越来越聚焦于可能做成的一个事情上，这个事不是不可能完成，只是我们从来没有想过是不是能够去完成它。

所以当我们聚焦于事情的 possibility（可能性）的时候，会发现面前打开了一扇非常大的窗户，它有无数的可能性让你去尝试和挑战你从来没有想过的事情。所以聚焦于可能性，会大幅度提高我们的工作质量并发现自己人生精彩的另一面，这就是我们讲的唤醒你心中的领导力。

我看到过很多人，当聚焦于可能性以后，他们的精神面貌、工作状态、对人生的态度都发生了极大的变化，这是真的有可能发生的事情。所以，唤醒我们心中的领导力是非常重要的一点，就是我们一定要想象它的可能性，而不是它的不可能性。

3. 立即采取行动

第三个唤醒心中的领导力很重要的一点，就是要采取行动，从今天开始。

我们很多人有很多想法，有可能是书读得太多，有可能是文章看得太多，所以我们有很多顾虑和担心。担心什么呢？担心失败。

我们有一个算法叫“行动驱动力”，就是说这里有一个 100 分的东西，如果你把 80% 的精力都聚焦在对成功的专注上，那么剩下 20% 的精力就会放在对失败的担忧上，那么你的驱动力是多大呢？用 80 除以 20 等于 4，那你的驱动值则为 4。但如果你对成功的专注是 90%，你主要的精力都放在怎么把这事干成上，另外有 10% 是你的担忧，那么你的驱动指数则为 9。可以看到，当你对失败的担忧减小一分的时候，那么你对成功的驱动的力量会急剧地增大。

我们很多人都有瞻前顾后的习惯，一半的精力会放到对成功的专注上，另一半就会放在左思右想上，所以它的驱动力可能仅仅是 1，或者零点几。所以这个时候这些人的执行力很弱，因为他老是会想万一这事干不成咋办。一旦你脑子里有这样的想法冒出来，其实你离失败已经不远了。

所以当我们一旦确定了一个想法，大概知道它可行的时候，就要采取行动，如果我们不做、不实践，怎么能知道这是行不通的呢？

我们看到，不管是在商场上、职场上，还是在战场上，取得一定成果的人都是执行力、行动力非常强的。当他们有了30%~40% 左右的信息的时候，他们就已经开始形成行动方案了；当他们有 60% 的信息的时候，他们已经冲出去了，只有冲出去，才知道这事究竟靠谱与否。

史蒂文·柯维在他的书里面谈到了一个概念，叫“影响圈”：

在我们的周围，有 3 个圈，一个是决定圈，即我能够决定的事情，这是我说了算的事情。

在决定圈之外，有个影响圈，就是我可以通过我的工作、我的动作、我的执行、我的语言、我的气场，去影响决定圈里面的人形成决策的这样一个圈，这是影响圈。

影响圈之外还有一个圈，叫关注圈，就是我关心的事情，比如说我的竞争对手的状况，或者说我坐飞机了，我得关注一下今天的天气情况。但是你没法影响关注圈，比如飞机什么时候起飞、天气好和坏，你也没法影响竞争对手去哪里投放广告，尽管你很关注，但是你没法去影响，同时你也没法去做决定，没法去改变，因为它完全是 out of control（失控）的事情。

这 3 个圈越往外越大，影响圈在中间，决定圈在里面，最外面的是关注圈。

有很多人把精力放在了关注圈，他关注很多事情，可关注的事情越多，就越一事无成。

我们当下的微信朋友圈属于我们的关注圈。很多人的微信朋友圈里面，有很多消息、很多信息，他什么都关注，就像个百事通。但是你得知道，这样的人其实非常不专注的，他们脑子里有很多种想法，同时很多声音告诉他有很多机会，但是那些东西都离他很远，他没法去影响任何一件事情，更别说决定什么事情了。所以我们很多人的时间就这样一分一秒地被浪费了，因为我们关注了太多我们不该关注的事情。

但是当我们聚焦于我们能够去影响的事情的时候，我们会发现自己的影响圈扩大了。你关注你能够去影响的事情的时候，每一个东西都是聚合的，是正能量的，是加持的。在这个过程中，你的影响圈在不断地扩大，你自己的张力、你在组织里面的形象、你的气场，包括朋友们对你的认同都会逐步加强，那么你一定会获得领导力和在这个组织里面的威望与地位。

所以说不管我们是不是领导干部，当我们聚焦于自己的影响圈的时候，就会被人贴上一个非常重要的标签，这个标签就是我们在组织里面的代号：他是什么专家，他是什么领域里面的第一人，他是什么能手……这都是我们专注于某个影响圈、专注于自己的事情所带来的必然结果。这样的话，我们的领导力就得到了极大的改善和提升。所以刚才我讲了，其实我们每个人都有领导力，只要我们能够善于去描绘未来，聚焦于可能性，从现在开始坚决采取行动，那么我们做事情的方式就会发生变化。我们越来越聚焦于我们能够控制和影响的事情，就会发现自己周围的人和事情也在发生变化，从而自己的效能会大幅度地提高，领导力就会被彻底地唤醒和激发出来。

最后我用查尔斯·文多尔写的一句话和大家共勉："上帝给你关上一道门，同时给你打开一扇窗。"

这句话讲的是一个人应该有积极向上的人生态度，现在的我也越来越感受到：活得越长，就越体会到态度对生活的影响。对我而言，态度比事实重要，比过去、教育、金钱、环境、失败、成功都重要，比别人想的、说的、做的都重要，比外表、天赋、技能都重要。态度可以建立或者毁掉一个公司、教堂或者家庭，重要的是我们每天都可以选择以什么样的态度去度过这一天。

过去是无法改变的，别人的言行是无法改变的，无法避免的事情是无法改变的，我们唯一可以操纵的是我们的态度，我相信我们生活的10%取决于命运，90%取决于我们的态度。我们都是自己态度的主人，所以要唤醒我们心中的领导力，那就从今天开始，从现在开始去描绘未来，去聚焦于可能性，去关注于自己的影响圈，立刻采取行动！

08 不会动怒的领导不是好领导

俗话有云：不想当将军的士兵不是好士兵；在管理领域中也有一句类似的话：不会动怒的领导不是好领导，所以“动怒”在管理领域也是一门技术活。

很多经理人并不真正会骂人，因此企业中的很多员工会反映说：“老板脾气很坏，时不时暴跳如雷，动不动就把人骂得狗血淋头，让人头都抬不起来。”

其实这并不是一个正确“动怒”的方式，因为这种方式会让员工很反感，甚至会让他有了不想继续待在这家公司的冲动。同时，职场上也有一些领导对员工的态度也并不恰当，他们几乎从不批评人，对员工总是持表扬态度。

在生活中，有些父母也是如此教育孩子的，他们总是一味地表扬孩子，一开始还能够起到激励作用，但随着时间的推移，会发现这些激励手段似乎没有什么作用，一旦不给予表扬，孩子就原地等着，事情便不能向前推进。

组织里也是一样的，频繁表扬员工的领导，最后和员工建立的信任关系其实是非常薄弱的，要想让员工把事情做到最好，核心驱动因素是内驱力。

每个人在做事情的时候，都有驱动因素使他继续向前，当然如果你做的是一份本职工作，这也是必须要做的事情，但是结果的好坏便由驱动因素决定。

驱动因素包含两方面：一个是内驱力，另一个是外驱力。像领导的批评与表扬，都属于外驱动力，而真正让一个人持续不断地去把一件事情做到最好，核心的驱动因素是内驱动力。

所以一个人如果经常受到表扬，那么他对外驱动力的依赖就会越来越大，而依赖越大，阈值就会越来越高，从而他对内驱动力的需求便会减少，最终变成一个需要外部驱动的人，一旦外驱动力不足以对他产生刺激，他就没有继续工作的动力，就像很多企业给员工发奖金、提成一样，一开始会让人很高兴，但过了这段时间还是会恢复原样。

其实外驱动力是难以持续地去激励一个人的，随着阈值的提高，激励效果会越来越差；而内驱力则可实现持续激励。如果一个领导会批评人，那么员工对外驱动力的依赖就会减少，从而驱动因素逐渐趋向于内驱动力。

心理学上有一个重要概念：自我一致性，意思就是每个人都想让自己在心理和行为上保持一致，也就是想什么和做什么尽量保持一致。如果领导批评了自己，倘若批评是合理的，员工就会去思考究竟在哪里出了问题，从而在行为上能够做出调整。所以“会批评”对于一个领导来说尤为重要，他可以让员工、团队激励成为一个可持续发展模式。

但是，任何一项激励行为，无论是正向的还是负向的，都有阈值限制，因此批评也需适当。

会批评很重要，那么领导该如何批评员工的行为呢？以下有3个重要的建议：

第一，责人先责己。

一般情况下，任何员工的工作出现了问题，特别是和整个公司层面有关的问题，这时不只是员工自身的问题，团队也有问题，所以在这种情况下，领导在批评员工之前，一定要先反省自己：平时对员工的关心是否足够？在这件事情上自己的指导是否出现了不足？对整个公司情况的考虑是否不够周全？以往也遇到过这种情况，是否未能及时与员工进行沟通？同时，领导在反省过后，还需肩负起自己所需承担的责任。

第二，惩罚要明确。

员工在工作上出了问题，领导批评后需要向他明确惩罚是什么，这不同于“响鼓不用重锤”，并非向员工点明一下，他们就能够琢磨出惩罚是什么。

以《三国演义》为例，张飞为什么会死？张飞为了给关云长报仇，组织筹备物资，但筹备物资的人未能及时筹备好。于是，那些筹备物资的人，在张飞喝了酒的某一天晚上，就细细琢磨：明天张飞一醒来，按照他的脾气可能会因未筹备好物资而把他们打到半死，甚至是活剐。于是他们谋划着：反正横竖都得死，还不如先把张飞给杀了。

这种极端事件是因为赏罚的不分明造成的。所以当某件事情发生了以后，作为领导来说，一定要向员工明确奖惩的范围，或是影响他的工资、绩效奖金，或是他的绩效评估，否则不确定会带来无理由的恐慌、猜测。

第三，小重大轻。

何谓小重大轻？就是对于小问题，反馈批评的时候，语气要说得重一点；对于大事情，在反馈责任范围很大的时候，语气反而要说得轻一点。

因为小事说重一点，能够起到警示作用，代表领导对问题很重视，虽然这次所犯的错误不大，但是后果可能会很严重，因而要防患于未然。而对于大事，事情本身已经很严重了，无论是当事人还是整个团队，都处于恐慌状态，同时也都在做深刻反省，这时候领导对事情本身的理解以及对自我责任的担当便尤为重要。

因而小重大轻才是一个更合理的批评员工的方式。

在企业中，不会动怒的领导不是好领导，领导要学会骂人，而骂人是一个技术活，因此要掌握其中的技巧。但是在掌握了这门技术后，既不能天天动怒，也不能从来不动怒！

09 老板为何宁愿高薪招新人，也不愿加薪留“老人”

在现实生活中，有一些企业，特别是一些民营企业的 HR 或者是相关从业者，经常会有此困惑：为什么老板宁愿花高薪去招新人，也不愿意加薪留老人？对人力资源部门的人来说，工作量增多了，这么多人留不住，企业只能天天忙着招新人，但招到新人以后可能还会产生新的矛盾。那么在这样的背景下，该怎么来理解这些事情？

一、对企业而言——实现转型所需。

在通常情况下，企业相关人力资源的从业者，向他人咨询上述事情该怎么跟老板说的时候，让人做出的首要判断便是：这样的企业，是正处在一个从低绩效均衡向高绩效均衡转型的阶段。所谓低绩效均衡和高绩效均衡，就是每一个企业的员工自身及其能力，和整个公司的业务和绩效大致处于一个平衡的状态。

古语有云：种瓜得瓜，种豆得豆。栽培的是何物，所得的便是所种之物，它反映的是自然的规律。而企业环境如同土壤，员工个体如同种子，不同的土壤适合不同的种子生长，这两者之间是需要相互匹配的。

虽然低绩效均衡的企业也处于一个相对平衡的状况，但整个企业的经营绩效却是低于行业平均水平的，尽管员工的流失率不高，却处于一个无论是规模、增长速度还是利润水平都冲不上去的状态。

与此相对应的便是高绩效均衡。处于高绩效均衡的企业，整个组织的士气很高，人员流动处于稳定的状态，而且员工的能力很强，组织的绩效超过整个市场的平均水平甚至是处于行业的领先地位。所以高绩效均衡几乎是每一个企业家都在追求的。但是从我们中国乃至全世界来看，其实大部分的组织都处在低绩效均衡状态，或者是处于由低绩效均衡向高绩效均衡转型的状态。要使组织处在高绩效均衡状态是很困难的，毕竟在这个具有极大竞争力的市场上，常胜将军只是少数人。

所以当低绩效均衡要转向高绩效均衡时，便要做出转换操作。作为老板，最头痛的事情便是即使知道市场方向、商机所在，但是却没有办法实施——因为现任员工的能力实在有限。于是在这种情况下，老板便宁愿花高薪聘请新人。这时候存量的人员固然有所奉献，但是他们所做出的整体绩效是难以让整个组织实现从低绩效向高绩效转型的。因而，对企业进行增量是非常必要的，这将带动组织把朝高绩效发展的新人招进公司，也许这样一批新人团队都还很年轻，但是他们可能带来不一样的工作态度，从而令公司焕发新的、具有活力的氛围。

二、对于老员工而言——自身状态已不太符合企业发展要求。

1. 敬业度不高

我们知道，如果一个组织长期处在低绩效均衡的状况，那么组织中员工的敬业度也不会很高，或者说他们的敬业度处在一个比较稳定的阶段，很难转化为高峰状态。大量的研究和调研表明，在中国，员工的平均敬业度是51%，也就是在组织中大概会有一半的人是不太敬业的，那么这些人对于公司来讲都是冗余的，老板也能感觉得到这些人员给公司所带来的负担，所以通常情况下，公司对于这些人不会再有大幅度地调整或者激励。

2. 自身缺陷

对于员工个体而言，为什么老板不愿意为公司的“老人”加薪，反而高薪聘请新人？第一，因为这些老员工的可替代程度比较高，即使他们离职之后对组织其实没有什么影响，换一个员工便可以很快地接替他的工作。第二，这些老员工对于公司的价值已经完全兑现了，而他们对于新事物的学习速度很慢，甚至是学不会，其潜力已经得到最大化地挖掘。第三，这些老员工的管理成本比较高，他们对组织很了解，甚至知道哪些地方可以钻空子，这样便会造成整个组织的敬业度比较低并且处于低绩效均衡状态。

当然通常来说，这样的一些公司还处在盈利的边缘，或者说是处在低利润的边缘，整个公司处于深陷泥潭不断挣扎的情况，这时老板便宁愿把主要精力和希望放到引入具有能力的新人当中，从而提高组织的整体能力水平，实现企业均衡状态的转换，而不愿再加薪激励老员工。再者，老板心里还有梦想，他不希望处在低绩效均衡的旋涡之中，人人都向往高绩效均衡的状况，那么怎么办？那就是换人。

10 为什么你“背上的猴子”越来越多？

由 William Oncken Jr（威廉·翁肯）以及 Donald L.Wass（唐纳德·沃森）共同创作并发布在《哈佛商业评论》的一篇经典的管理学文章——《背上的猴子》，通过“背上的猴子”这个形象的比喻介绍了一个管理下属的理念。作者认为在领导和下属讨论工作时，会有一只原本由员工管理的“猴子”正交替跨在两个人的背上。

责任如同一只猴子，最终猴子是否会跳到领导背上，便取决于员工把将要处理的事情交给领导寻求解决办法时，领导是否将事情揽了下来。

很多企业领导都面临这样的情况，员工总会有各种事情请教你，希望你能给他一些建议，于是他们在等待建议的过程中，每天都有充足的理由来催你做事情。而领导本身就有很多事情要干，这时员工的“猴子”又到了领导身上，最终员工的事情没有解决，反倒让自己忙得不可开交。

在管理下属过程中，经常会碰到这种情况：组织里似乎每个人都属于精英，他们聪明能干，但整体效率却不高，为何？其实是由于管理失当，领导没有扮演好他的管理角色。

领导责任心太强，什么事情都往自己身上揽，最后也致使自己变成整个公司最大的瓶颈。实际上，每一个人都会有自己的想法，都会进行自我思考，但当面临某些事情时，若领导总是喜欢冲在最前面，那么这些人就会往后退缩，从而难以发挥他们的聪明才智，当然也不排除有一些别有用心的人故意挖个坑让领导跳进去。

所以一个组织要想提高绩效，需要去改善和突破的地方就是：管理者要尽可能放下“背上的猴子”，让员工抚养自己的“猴子”，让每个人明确他们的责任，从而充分发挥他们的主观能动性，而不是把“猴子”甩给自己，让自己成为整个动物园里最大的饲养员。

所以要让组织能够有更好的产出，那就应该要充分发挥每一位员工的主观能动性，但这并非是一件易事，那么应该要怎么做呢?

首先，领导需要明确猴子的归属问题，否则将难以调动员工的主观能动性；其次有以下 3 个具体建议：

第一，要给每一个员工的工作设定一个清楚确切的期望。

有些组织员工的目标设定总是想着遵循 SMART 原则

（S=Specific即具体的、M=Measurable即可衡量的、A=Attainable即可以达到的、R=Relevant即相关的、T=Time-bound即有明确截止日期的，这是为了管理者将来对员工实施绩效考核提供的考核目标和考核标准），但很少人能够真正地设立SMART目标。期望是一个指挥棒，无论对于员工还是组织的绩效管理，都是一个重要的因素，因而它应该要有非常明确的方向性。

第二，要相信下属有能力解决问题。

当然信任并不是对员工放任不管，而是把事情交由员工处理后，要定期监控管理与回顾员工处理事务的过程，以开放的方式询问员工，如："你是怎么考虑这件事情的？将来可能遇到哪些问题？对于这些问题，你现在的想法又是什么，你准备怎样做？"

而他们所反馈给你的则应是选择式的解决方案，让他们自己思考以寻求解决方法，从而确保他们能够完成任务，否则他们所背负的责任，可能会因看管不当而跳到领导自己身上，或者莫名其妙地消失，从而难以达到目标。

但很多领导在回顾时，并不是向员工提出开放式问题，而是直接给解决方案。当领导提供解决方案时，"猴子"便会在不知不觉中跑到他们身上。

第三，培养每个人的责任感。

要让“猴子”时刻趴在当事人身上，则需让他背负起一些责任，比如让他做定期的汇报、沟通、会议组织事宜，从而在完成任务的过程中培养员工的责任感。

总之，要让下属比想象中更能干，领导就不要背着不应该由自己饲养的“猴子”，而应让“猴子”趴在正确的人身上，而这最关键的就是要充分发挥每一个人的主观能动性，给他们正确的期望值，要相信他并培养他的责任感，让每个人都在思考问题的过程中不断地寻找新的解决问题的办法，并落实在行动中，从而让组织踏踏实实地往前走！

11 为什么你们公司培养不出领导干部?

人才供应链有 4 个支柱，分别为：动态短期的人才规划、灵活标准的人才盘点、ROI（投资回报率）最大化的人才培养、无时差的人才补给。这篇文章将深入探讨关于人才供应链的两个支柱。

第一，ROI 最大化的人才培养。

提到培养，我们就会想起培训，但培养和培训不是完全一样的概念。

培养的方式是多样化的，目的性更明确，更具有长期性、系统性。人才培养要考虑它的投入产出比，也就是投资回报的问题，怎样让我们的能力库存和人的库存最少？最重要的一点就是不要一边消减库存，一边创造库存。

ROI 最大化的人才培养强调的是，怎样以最少的代价去完成人才培养，缩短培养周期，提高培训效率？这就要我们鼓励和提倡小批量、多批次的培养。

就像一次生产 10 台机器和一次生产 1 千台机器，看上去一次生产 1 千台的单个生产成本下降了，但是它的库存极高，这个库存会给我们带来极大的不便，这是小批量。

多批次就是根据需求多次生产，这种培养方式确保了我们培养的周转性。比如说只追求效率，一次性让所有人都参与培训，让短期内不需要参与培训的员工来听培训，不仅浪费了公司和组织的资源，也浪费了这个员工的时间。从经济学的角度来考虑，这是十分不科学的。

从周转效率来讲，小批量、多批次效率是最高的。

其次，我们边做边学培养模式的效率是最高的。

我们怎样才能做到人才培养的 ROI 最大化呢？这就要求我们要有预测性地培养自己的通用性技能，以 JIT（准时制生产方式）来培养自己的专业技能。

如果把人的能力分为两种，则一种是专业能力，一种是通用能力。专业能力是 Just In Time 的培养，也就是需要用的时候马上学。我一直强调用以致学而不是学以致用，比如你需要 PPT、Excel 的功能，今天不用，学了就会忘，工作中需要用你才去学，这样在做中去学的效率是最高的。

通用能力的培养周期比较长，需要预测性地去培养。很多时候缺领导干部的重要原因是缺乏对通用能力前置性的培养。等到把一个人提拔到了领导岗位上以后，才加强对领导力、管理能力、通用能力的培养，那时候已经晚了。因为提升到领导岗位后，工作任务就十分繁重，很难抽身出来接受培养了。

当然，如果一个人在他的天赋里或者原有的能力架构里，就已经有了通用能力的苗头，那么花在通用能力培养的时间就会少一些。

另外，除了通用能力和专业能力，还有一种商业能力，而这种能力属于天赋。比如比尔·盖茨大学都没读完就创立了一家公司，这就是具有商业能力。商业能力不是在课堂上学习的，是在活动中学习的。

这就是为什么宝洁在招仕官生的时候，重视学生干部，因为这些人已经有了通用能力中比较好的天赋和潜质，在培养的时候就学得比较快。

第二，无时差的人才补给。

无时差的人才补给是一种很理想的状态，可以分两种情况说明。

第一种情况：比如一个全国性的企业，在极短的时间内，某个分公司需要增派一个总经理或销售总监，刚好内部就有相应的人，这就是无时差的人才补给。

另一个情况：公司内部没有这样的人，但我们曾在另一家公司接触过适岗的人，这个时候可以果断地跟这个人谈 offer，为公司及时补充人才。

无时差人才补给：我正好在需要人的那一刻，知道我要的人或者我要的接班人在哪里，如果能做到这一点，企业就没有人才空缺的困扰，这是非常理想的一种状态。

想要做到这种无时差人才补给的理想状态，需要做到以下两点：

第一点：提前预测空缺，转化为补给空缺。

目前为止，企业领导和相关的人力资源从业者对于补给空缺关注较少，自身的人才库以及人才储备量还是较为欠缺。一般情况下，企业都是等到有需求之后，才会找猎头或在招聘网站搜简历，以补充人才空缺。

一旦空缺出现，就要知道谁能填充空缺。预测空缺，就是我们要做规划，预测要多少人；而及时补给空缺则需要明确整个企业中，人的方向、人的位置在哪里。

第二点：建立外部人才库，同时优化内部业务联动和相关的横向人才流动机制。

很多企业部门的横向流动还挺困难的，我也遇到过类似的案例：某公司要想实现部门之间的横向流动，员工必须在 A 部门中辞职，然后拿着资料到 B 部门入职，并没有横向流动的机制，内部并没有打通。

建立外部人才库，减少公司内部的人才储备，降低人才冗余的风险。人力资源从业者可以根据未来业务发展的方向建立外部人才库，一旦公司出现空缺，那么我们能够第一时间找到相应的人才。

人才供应链的 4 个支柱换一种表达方式，可以说企业的人才供应链可以分为两条链条：内部人才供应链和外部人才供应链。内部供应链为：规划——盘点——人才盘点；外部供应链则是：规划——盘点——人才补给。

所以，在企业人力资源从业者中，做培训部门、企业大学或是组织发展的机构，他们的使命是帮助企业打造内部的人才供应链，建造内部人员的发展体系，满足企业快速发展的要求。

招聘部门的使命，不管是校招或是社招，他们的使命在于打造外部的人才供应链链条，帮助企业实现快速的、无时差的人才补给。

12 让“企二代”接班还是另起炉灶？

2016年，美特斯•邦威公司的创始人周成建宣布辞职，他辞去了董事长总裁及董事会下设的各个专业委员会的职务，并任命他30岁的长女胡佳佳接任其职务，公司也表示这是正常的二代接班。

周成建于1965年出生，他在30岁的时候创立了美特斯•邦威制衣公司。在2008年，美特斯•邦威在深圳证券交易所上市15年的时候，周成建的身家已达到了265亿，在中国富豪榜上排名第62位。可以说21世纪的前10年是美特斯•邦威扩张的重要时期，这种快速的发展得益于代言人周杰伦的影响力，还有“不走寻常路”的广告。

在2011年，它的营收接近100亿，净利润有12亿多，达到了顶峰。但从那个时候开始，营收连续4年都在下跌，这也意味着这家公司在过去4年中的经营出现了比较大的问题——主要是受到了国外时尚品牌以及互联网电商的双重冲击，而美特斯•邦威长期是代理商模式，但是加盟商近年来受电商冲击比较大，店铺的租金涨得也比较快，因而它的收益便不太理想。

所以，实际上美邦的门店从 2012 年巅峰时期的 5000 多家，锐减到了 2015 年的 3700 多家，减少了近三分之一。在过去几年里面，鞋服行业的一些公司，像安踏、特步、鸿星尔克等等，都在进行转型，而安踏的转型是比较彻底的，所以它在行业中的经营业绩是最好的，在逆势的情况下还取得了骄人的成绩。

至于胡佳佳，她于 1986 年出生，在 2011 年取得了伦敦马兰戈尼学院时尚营销的硕士学位，毕业以后就在美邦任职，她不仅在总裁办公室做过，而且也在开发运营、品牌营销、战略发展等部门任职过，基本上每年轮换一个岗位，胡佳佳自己持有美邦服饰 9% 的股份。

那么怎么看待二代接班的问题呢？周成建是在 30 岁创业的，他女儿也是在 30 岁接班，但是周成建 30 岁创业时的商业环境和今天是不一样的，那时的模式是粗放式的，因而可以凭借较大的胆子，在伦敦街头拍几张照片回来，做一些时尚的服饰，再找几个代言人就可以取得较好的成绩。

而今天的经营环境相当复杂，有着巨大的不确定性，甚至连竞争对手是谁都不知道。在这种情况下，把一个传统的产业交给一个 30 岁的二代，风险还是比较大的。

在全球范围内都很难找到这种二代接班成功的案例。比如我们熟悉的 500 强公司——宝洁，它的两个创始人威廉·普罗克特和詹姆斯·甘布尔都没有将公司交给自己人，而是交给职业经理人管理，还有像沃尔玛、丰田汽车这些典型的以家族名字命名的公司，虽然家族还保留着公司的股份，但是都是交由职业经理人管理。

所以在中国市场上，二代接班其实是一个无奈的选择，而这种选择能否成功依旧不得而知，当然我们期望胡佳佳能够取得好的成绩，但难度却是相当大的。

在我国的企业传承实例中，做得比较好的是美的集团，何享健在退出前台以后，并没有把整个公司交给二代、交给他的家族，而是交给了职业经理人方洪波，当然家族还持有整个公司大量的股份，美的现在也运营得很好。

我在 10 年前给美的做项目的时候曾猜测说："如果中国的家电产业只留下两家公司，其中有一家必然是美的。"为什么会有这种猜测？因为美的有着非常好的内部梯队成长机制。何享健当时非常关心对职业经理人的激励和选拔，因为企业需要职业化。

真正的百年老店、基业常青的公司的传承，不是将业务交给家族成员，而是交给最能够胜任和最适合管理企业的人。

那么企业该如何进行二代交接呢？

将美特斯邦威交给 30 岁的长女管理其实难度非常大，当然这个情况是比较特殊的，其实周成建的年纪也不大才51岁，还没有到真正要交班的时候，因而他的选择在一定程度上让人感觉是在逃避责任。

但如果真的要交接，该怎么办?

真正要交接班的时候，最好的方式其实是让二代另起炉灶，让他们有自己创业和领导业务的经验。

二代刚接手企业，要实现自己的想法，其实很难，因为组织的惯性太大了，而想要组织转型，不像只有20多个员工的企业，可以很快实现；对于一个具有五六十亿资本的上市公司来说，转型并非易事。这时候怎么让二代能够真正接班?那么他一定要亲自历练，从零开始做起，而且所做的产业应当符合当下的经济环境，当这个产业能够和原有的业务产生关联，那么未来的接班也能够更顺畅自然。

还有一种方式就是让二代在企业中待更长时间——即“传帮带”。美邦企业的董事长才51岁，可以再做10年，让二代在这10年中继续成长，到了那个时候再交接企业，二代对于企业的管理也会较为得心应手。

所以，周成建的辞职更应该看作是一种策略性的退出。之所以有这样一种退出，是因为他对自己有了一定的认知——即自我觉察，他很清楚自己可能没办法立即解决当下的问题，因而就只能暂时回避问题，在回避的过程中以静制动，说不定还能够找到一点机会。他把自己的女儿安排在前台，自己就可以在后台花更多的时间去谋划企业发展的事情，当然这也不失为一种策略。

因此美邦的二代接班更应该是一个伪接班，因为周成建真正退出的时机未到，他的二代接班的时机也没有成熟。那么对于企业家来说，在面临这些问题的时候，要想做好二代接班就需要做非常充分、长期的准备，这条道路其实不容易走，也很难走好，但如果有企业能够走出一条光明大道，这也是一个非常好的实践，同时也为整个管理理论与实践做出了贡献，并提供了很好的案例，这无疑是令人非常期待的事情。

13 为什么每位职业经理人都应该学点人力资源?

有着“全球第一 CEO”之称的杰克·韦尔奇，有一个很重要的观点：CEO 就是第一人力资源总监。

而韦尔奇本人，更是花了自己 70%~80% 的时间，专注于团队和员工本身。退休时，曾有记者问他，在 GE 工作了 20 年有没有什么遗憾？韦尔奇的回答是：“我唯一的遗憾和不足，就是没能够给予 GE 的人力资源更多的关注和时间，没能让人力资源部门获得更高的地位以及更好的产出。”

由此可见，每一位职业经理人在人力资源方面都肩负着重要的责任，或者说，每一位职业经理人都应该是自己所处部门、团队、公司的人力资源经理。

那么该怎样吸引优质候选人，怎样激励好团队，怎样留住团队中的优秀成员，这是每一位职业经理人必须思考的问题。从这个意义上说，学好人力资源管理知识、用好人力资源管理技能，是作为职业经理人必须要肩负的责任和使命。

知名咨询公司盖洛普也发表过这样一个言论：员工因公司而加入，却因主管而离开。

员工加入公司往往是因为公司的品牌与发展机会，而为什么有些人却在加入公司后又选择离开呢？事实上，员工离开公司很大概率是因为自己的直接领导。

一个公司，无论是办公地点、管理机制还是企业文化都不会在短时间发生改变。对员工而言，唯一的变量其实就是自己的直接领导以及朝夕相处的团队。员工无法与领导取得有效沟通，无法与团队共同进步，将成为促使他离开的重要原因。

因此，如果职业经理人无法在工作期间与自己的员工建立良好的信任关系、指导关系与发展关系，那么员工离开的概率就会非常大。

很多时候，我们对一位优秀职业经理人的判断标准很简单，就是看是否有下属愿意拥护他、追随他。如果一位职业经理人无论是在 A 公司或 B 公司、A 部门或 B 部门，都有员工愿意不断地追随他，那么这位职业经理人就可以称得上是好的领导者。

那么，我们应该如何做到这一点呢？

首先，我们应该认识到自己作为职业经理人的角色变化。每一位职业经理人都是从管理自我开始，最终实现管理他人。但从普通员工到领导者，从管理自我到管理他人，这之间其实存在着巨大的角色转变。当我们升职为管理者时，必须实现这样的跨越：对自己的行为方式做出调整，对自己的工作与生活进行重新安排。

而对于很多刚刚被提拔的职业经理人来说，他可能非常善于管理自我，但就管理他人而言，却没有做好充足的准备。在这样的前提下，“提拔”就显得有些拔苗助长了。

另一方面，不少新生的职业经理人并没有真正意识到角色转变对自己的潜在影响。如果只是单纯地把这样的角色变化理解为获得了更高的地位、更大的权力，那么这样的人注定无法成长为一位合格的职业经理人。

当我们实现了从管理自我到管理他人的转变后，接下来要面临的便是从管理他人到管理管理者的跨越。这是一个更为巨大的跨越，也是作为职业经理人需要不断进行自我修炼、自我提醒的过程。

从管理自我到管理他人，再到管理管理者，这是我们每一位职业经理人在成长过程中必须经历的重要转型。虽然这样的转型看起来考验重重，但实际上我们拥有许多人力资源管理的方法、工具和手段，能够让我们的转型变得更加自然、顺利。

此外，在职业经理人转变自身角色的过程中，还有一点极为重要：职业经理人必须认识到价值创造不再是通过自己亲自完成，而是通过下属和团队的努力而实现。也就是说，作为一位职业经理人，我们的价值不在于自己拥有多少客户、赢得多少业务，而在于如何与下属、团队协同，创造更为出色的业绩，实现 1+1 > 2 的成果。这就要求我们能够给予自己的下属足够的管理、指导与激励，以确保整个组织的使命得以完成，而非单打独斗地工作。

事实上，当我们由普通员工走向领导岗位，成为一位领导者时，我们就不再属于我们自己。作为一位普通员工，我们只需把本职工作完成好；但作为一位领导者，只做到这些是远远不够的，甚至可以说是不对的。因为，职业经理人除了做好自己的工作外，还需要观察和照顾好自己的每一位下属，给予他们充足的人文关怀。即使是员工生活中的事情，我们也应给予适当的关心。

比如说，某一位员工的父母生病了，我们自己或者我们的团队是否需要前往探望，诸如此类的，都是作为管理者应该考虑的事情。作为一名职业经理人，我们既是一位领导，也是一位顾问、参谋；既是一位军师，某种程度上也是一名保姆。

所以，学习充足的人力资源管理知识，不断在工作中进行实践，这是每一位职业经理人在实现角色转变、向更高一层管理岗位进发的过程中必须要完成的修炼。

在这条道路上，有些人走得比较快、比较远，而有些人会比较慢，甚至停滞不前，这取决于他是否透彻地理解了自己的角色变化，是否能够不断地调整自己的工作方式和重心，从而真正地聚焦于人和团队。所以，学习更多的人力资源以及和选、用、育、留相关的知识和技能，可以帮助更多的经理人实现看似困难的角色转变，使他们能够越走越远，越走越好，越走越稳健。

Part2 自我认知篇

正确认识自己，持续不断地成长

01 稳住别浪，别动不动就想辞职！

最近，我和一位高中女同学取得了联系，她在高中时期就有不错的表现，后来考上了一所非常好的大学，因而毕业后也到了一家世界 500 强公司工作。她早期的职业生涯可以说非常顺利，但在过去的 20 年中，每次和她联系时，都能遇上让人参谋她的新工作，或是抱怨当下的老板，表明想换一份工作的想法。

这一次当然也不例外，她又在咨询我是否有新的机会可以介绍给她。她前期的背景都很不错，早期的职业发展也很好，但是她很容易冲动，一言不合就想辞职。她的辞职，有着各种原因：或是因为公司不让转部门，或是因为办公室有人抽烟而觉得不舒服，或是因为要生孩子需要一个清闲的环境……总之每一次辞职换工作都有各种理由。

在她生完孩子以后，作为全职太太在家待了 3 年，后来她又选择上班，千辛万苦地找到了一份工作，但没过多久又辞职了，这确实让人无奈。

而在职场上，我们经常可以碰到这一类人，他们非常缺乏对自己职业生涯的认知，每次辞职几乎都是冲动所为，而冲动的惩罚便是：当自己的年龄越来越大，自己掌握的技能也会随时间而被荒废掉，因而在市场上的竞争力也会每况愈下，到时想要再去找一份体面的、含金量很高的工作便很困难了。

倍智近期在华东针对房地产行业的人力资源总监、副总裁做了一个小型的人力资源从业者交流会，其中包括万科、融创、恒大等企业。在会上，其中一个地产行业与会者的一段话让人印象深刻，他说："其实我们公司在市场上的名声很响，但是我们的账面工资其实很低，像我这样级别的人，账面工资也就2万块钱。"

他的这段话非常令人惊讶，以他们公司的行业地位，凭借他的资历和级别，2万块钱的工资其实是偏低的，当然这只是账面工资，除此之外可能还有浮动工资或者其他奖金，但整体上来说，这样的薪酬回报肯定是低于市场的。现在地产行业的黄金十年虽然已经过去，但是又迎来了一个新的白银十年，那么在整合、并购、重组形成一些新模式、新业态的情况下，地产对于人力有着非常强烈的需求，因而以2万块钱的工资来看，他们的价值似乎是被低估了。

因此也有很多猎头找他，想要高薪聘请，而他却明确告诉猎头自己是不会离职的。

他认为，一方面，从长期来看，原有的平台很重要，他可以在这个平台锻炼自己，而对于待遇，离职换岗或许一年薪酬能多了几十万，短期内能变得富裕，但是长期在一个岗位上的坚持，对于个人来说，自身的社会价值一定会被充分地体现。另一方面，在这家公司获取的不仅是物质上的回报，还收获了同事、伙伴间的友谊以及能力的提升，公司领导对员工不仅重视与信任，而且整个公司的薪酬定位和策略也是较为公平的，从管培生培养到人力资源高层管理者，公司的投入和付出是非常大的。在对比与详细思考后就能想得明白，自己是否应该继续待在这样的一家公司。

因此，不要怕自己的价值被低估，因为在自己的坚持努力下自身价值一定会被市场充分认同，而想要被市场充分地认同，自己就一定要有足够的竞争力，而非像那位女同学一样，没有过硬的翅膀，自身的技能也还不成熟，却每次都和公司谈条件，最终也只会害了自己。

我自己在大学时所学的并不是人力资源专业，大学毕业后的第一份工作在宝洁也不是做人力资源，而是做生产运营管理的。因为兴趣在人力资源，所以我常常会有跳槽、辞职的想法，所以每年我都会在工作和发展计划里面和领导说明自己想要转换岗位的意愿，但前提是本职工作一定要做好，而不是想转岗就能马上实现。

之后的第一次升职，我成了部门经理，负责的是新模具的设计市场和供应商的对接项目，但实际上我不懂技术方面的东西，本科学的也只是无线电方面，和模具完全没有关系，因而开始接触这方面事情的时候，多少都会有不满的情绪，于是便和老板讨论这件事情，老板表明：你说的虽然有理，但是现在公司的业务需求就只是做模具，你要做的就是证明你能把它做好。

之后，我就全身心专注于模具工作。后来做成的模具成了全球一流的模具产品，它在同样的质量甚至更少的原材料下，能够支持同等重量，因而每年为公司节省了 2 千多万元。我做了自己不擅长甚至是不会的事情，但是最终证明了自己，后来也就慢慢赢得了机会，转去了自己想做的岗位。

所以对于很多人来说，在职场上都会遇到各种各样的困难、挫折和不舒服，没有哪一个人，在工作中会没有想辞职的冲动。每一份工作都不会一帆风顺，在工作中也不会一直遇到一个你所认为的好老板。

如果对职业生涯进行划分，从大学毕业到退休 30 多年的时间里，平均 3 年换一个老板的话，也可能要经历 10 个不同风格的老板，这肯定不能保证每个老板都能和你谈得来并对你照顾有加。

所以在职场中，你和公司是对等互利的合作关系，你为公司创造价值，那么公司就会尊重你的劳动，给予你该得的回报，而不是天天向公司索取。这个世界上 3 条腿的蛤蟆不好找，两条腿的人却有很多，你对公司尽是不满，公司也不会把你当成宝，辞退你之后再找一个和你一样，甚至比你更好的员工其实并不难。

坚持是一种习惯，而对于有些人来说，一味地放弃同样也会形成一种习惯，当这种习惯养成以后，便很难纠正。在职业生涯中，职场里真正有价值的是什么？即不管一个人有多厉害，他都能够不断地去沉淀积累，在坚持中证明并实现自己的社会价值，而不是动不动就想辞职！

02 面对职场中年危机，你的“井”挖好了吗？

2016 年 2 月份以来传言华为开始清理 34 岁以上的员工。据说是因为从整个经营业绩来看，华为 2016 年的销售收入，虽对比于 2015 年增长了不少，但是利润却没增长多少。而任正飞在很多内部的讲话里面也都有讲到：“在企业里面，你不干活、或者说你没有创造价值，那么公司就不养你了。”所以在一段时间里“华为无情”这样的批评就到处都有了。当然就本身减员或者调整人员的事情来看，华为的公关当然是否定的。

很多人对这事的看法不一，从职场的职业的角度来看，很多人把这个归结为“35 岁现象”。

其实任何一个企业当它到了一定阶段以后，对于人的架构、人员结构的调整是必不可少的，每个公司都会面临这样的问题。特别是今天华为拥有 18 万员工的情况下，它在很多方面都冲在中国本土企业前面，它有很多非常好的地方。那么在这个过程中，相信它也是在不断探索自己的人才结构和人才规划应该怎样去满足未来的诉求，它这样的决策在当下来讲应该是无可厚非的。

这一次的焦点在 35 岁这一批人身上，为什么老是这批人？从职场的角度来看，在过去几十年里，中国在经济上一直都如牛市一般高速增长，但人才却是稀缺的。相对于亚非拉等第三世界国家，我们的经济优势是非常明显的。在早期，外资企业进入中国，他们发展迅速并且笼络了一大批中国的优秀人才。这一批人，就和华为 35 岁以上的职员一样，同一时间点，他们也同样面临很多职业困惑、中年陷阱等问题。举个简单例子，从 1988 年最早进入中国的外企到现在已有接近 30 年的时间，到了这时候他们对整个中国市场及消费者的情况也已经很了解。而中国只是全球市场里面的一部分，在大部分时候它是没有决策权的，在这种情况下，它一定要考虑整个人员结构和构成问题。往后，这些人员越资深，在公司就待得越久，成本也就越高。一个在外企工作了 10 年和一个工作 3 年的人相比，就交付及工作能力来讲区别不大，但实际上他们的成本却差得很远。所以我们可以看到在外企，这种高端、高级的职位是越来越少，或者说竞争会越来越激烈。

很多外企 10 个人当中有 8 个是老员工，在 35 岁以后，他们都会很困惑下一步该怎么办。中国没有岗位了，或者说没有适合的岗位，那么你就得到新加坡、菲律宾、日本去，甚至得到欧洲其他国家去。你一旦去了以后，基本上就很难再回来，因为中国再也不会有那么高级的职位出现。

本土企业和外企的情况也是一样。本土企业到了像华为 18 万员工的这样一个规模和历史阶段时，都会遇到这样一个问题，因为它在相当长的时间内是不可能从 18 万再变成 30 万。也许公司的规模从 100 亿变成 1000 亿，整个组织的发展是非常迅速的，而其对人的安排或者对人的能力的要求，相对来讲也是比较粗放的。人的成本在整个增长过程中和业务的发展速度是相匹配的，也就是说，业务增长 10 倍，人的能力和要求也增长得很快，管理的幅度也会越来越大，这时候岗位是极度稀缺的，只要加入这样快速成长的公司，在那里沉淀下来 10 年，那你一定很牛。但是从 5 万人变成 10 万人，这时候人的基数已经大了很多，要快速发展的岗位就没有那么多了。像华为现今已覆盖 170 多个国家，基本覆盖了全世界。高管不会再疯狂增加，接下来就是各个事业单元、事业群、各部门，很多人就会盯着这些岗位。

所以 35 岁基本上是部门负责人这样的角色，但是你下面有几十个人在排着队要等这个位置，所以你要再往上走，上面的发展空间就很窄小了，而这个时候有两种选择：第一，继续努力，不断奋斗，在同一层级的人员中表现得更加优秀、卓越，然后一旦有空缺、有机会就被提拔上去，这是一种可能，但它的概率是非常小的；第二，成家立业、照顾孩子，平衡自己的工作和生活，前 10 年你很拼搏、很努力，所以现在度个假休息一下，和朋友们聊聊天喝喝茶，你认为这样稍微松懈一下也没事，但一旦这样，对于其他人来讲，可能机会就来了。因为这些公司狼性的文化以及考核机制还是很严格的，所以几乎没有这样的时间，而且也容不得你暂停休整。公司的储备很充足，你的职位可替代性很强，也就是说，你如果可以让自己休息十几天，那么对于这个岗位来说，你不在也没事。

因为 35 岁的人大都处在企业中层的位置上，所以面临这样一个两难：第一，如果想往上走，它的通道很窄，机会又很少；第二，岗位下面有一大堆的库存及候选人，一大堆嗷嗷待哺的同志们要往上蹿。这种情况下，你的困惑就来了，你要和别人比，比努力、勤奋、智慧，但有很多东西你还比不上。也有可能你已经和时代、工作有一些脱节，所以困惑是比较多的。

有一个故事讲的是两个和尚分别在两个山头住，他们每天都从山上下来去河边挑水。3 年过去了，有一天，一个和尚下山挑水，发现另外一个没来。他便说："唉，这家伙是不是病了？"又过了几天，发现那个和尚还是没来，于是就决定去另一座山上看看他。他到了山上之后，发现那个和尚不仅没病，而且在和别人品茶。这个和尚就问他："唉，怎么不见你去挑水，却有茶喝？"他说："我以前每天下山挑水，但是每天挑水回到我们的山上后，我就开始挖井，每天挖一点，挖了 3 年，我这个井总算是挖成了，所以现在，我就不用下山挑水了，喝井水就行了。"

这个故事告诉我们什么呢？虽然大家平时都很忙，但是在工作 8 小时之外，你是不是花了时间再挖一口井呢？这是一个很大的区别。很多时候，我们大多数人一心就只盯着眼前的事，却忘了后面的事。如果在工作包括加班完以后，琢磨一下未来的事情，提前做些准备，那么到了那个时候，你就不必那么紧张，也不必那么慌了。

所以，很多时候我们判断一个人是否有潜力，最重要的一点就是看他在职场上的中期和倦怠期。三十几岁是中盘、中期的时候，也是人生下半场刚刚开始的时候，若此时还保持好奇心、持续的学习能力、旺盛的精力，那么他完全不用担心，因为他已经把自己的“井”给挖好了。当我们已经有了自己的那口井的时候，其实继续待在这个公司与否都不重要，你的领导也会感觉到，像你这样的人是可以走得更远的。

所以说 35 岁现象，和现在的市场环境、经济环境的放慢有很大的关系。当然，所有职场人都不用灰心丧气，因为这一天早晚会来，我们每个人都会一天天地长大，都会变老，我们都会有我们的 30 岁、40 岁，这个不可避免。但只要不是被动妥协就好。怎么才能不被动呢？就是提前要把那口井给准备好，不要到了那一天还没有任何行动，那么你会觉得你还是无助与无奈的。

03 对职场女性而言，强势比亲和力更重要

众所周知，董明珠是珠海格力电器股份有限公司的现任董事长兼总裁，她在 90 年代辞去了南京的干部工作，36 岁时从基层的业务员做起，作为一线销售员，业绩非常好，她不断突破自己以及整个公司的销售纪录，创造了非常多的销售神话，后来她逐步升职成为格力公司的总裁。她的竞争对手对于她非常强硬和果断的工作作风做了一个形象的比喻：董姐走过的路不长草。

在过去的一段时间，从万科宝能事件发酵到现在，董明珠女士在整个职场，乃至在整个企业界都扮演了一个很重要的角色。

但实际在职场上，像董明珠这样的职业女强人所占比例是较小的，大多数的企业家为男性，政府的女官员代表数量也相对较少。所以在企业中，对于职场女性来说，要成为像董明珠这样的人；在政界，成为像吴仪副总理这样的人，难度很大，甚至可望而不可即。

在企业界或在政界，能够经常被大家提及的女性比较少。通过人格测试与分析，职场女性要想成为一个一呼百应的领导者，所需要具有的特质大体上和男性没有太大的区别。成功的职场女

性有“三高一低”的特点：所谓“三高”，就是高意志力、高控制力、高精力；而所谓的“低”，是指她们的爱心、同理心以及对人的关心程度很低。

比如面对下属或者同事，他们本来应该做的工作没做完的情况时，“高爱心”的人会想到说：“估计是因为他家里有事才没做完的，反正工作也不难，我就帮他做了。”而“低爱心”的人则会说：“没做完的事情就应该及时做完，就是加班也得把它做完，谁家都有事情要做，而不是只有你家才这样。”

基于不同的场景、情境来看，性格并没有好坏之分，而同理心高低的表现也是没有优差之分。

对于大部分的职场女性，她们的爱心值偏高，即相对于职场男性，女性的亲和力会更强一些。但在职场上，缺的不是亲和力，而是一种强势，强势比亲和力更重要。但是强势并不是霸道，如果一个人强势到了霸道的程度，什么事都以自我为中心，对人和事漠不关心，毫不理解他人，甚至是到了近乎苛刻的程度，那么也没有人会跟随他。

强势是就事论事，对于事情以自然逻辑做出他的判断。在很多需要亲和力的工作上，对女性而言，她们的优势会非常明显。但是真正到了领导岗位上，高亲和力的性格特点反而会成为一个弱势，因为她们太容易把自己陷入情感怜悯中，而忘了更重要的格局。

在职场上，成年人和成年人之间就应该平等互利、相互尊重，在这种情况下，如果一方太有爱心，具有很强的亲和力、同理心，那么便不是成年人与成年人之间的关系，反而变成了一种成年人和小孩儿之间的关系。

当然自然界赋予女性的是一个具有母性特点的角色，但到了职场，把自己的角色定义成一个妈妈，什么事都要管，这个时候不仅不利于下属以及组织的成长，而且也不利于自身作为一个职场女性往更高的方向发展。当然我并非鼓励女性放弃亲和力，性格或是天生的，或是社会环境使然，角色分工使性格发生变化，但在这种情况下，特别是对于有理想追求的职业女性而言，在职场生活中更多地表现自己的真实想法，这样会赢得更多的尊重与机会。

04 从来没有一个东西叫“职业规划”

在生活中，我们确实看到有些人的职业生涯走得比我们更顺一些、更快一些，难道是因为我们的规划没做好的原因吗？其实不是的。那么，为什么我们不能规划好自己的职业，或者说很难规划呢？

今天，我们来聊聊职业规划这个话题。经常有人问我，应该怎么样去规划自己的职业生涯？我的回答一直是：“从来没有一个东西叫职业规划，因为职业这个东西很难规划。你想做什么，未来就能做什么，这个事几乎不太可能。”

首先，职业生涯中的不可控因素很多，导致职业规划涉及的变量也很多。经济发展的变化、企业运营的变化、个人成长经历的变化、家庭的变化等等，而这些变化会让我们原来想好的计划或理想中的节奏被打乱。对比整个社会，或企业整体经营来讲，个人的力量还是很渺小的，导致我们很难去做规划。

其次，在一个企业里面，任何人的调动和升迁都属于人事决策。人事决策是非常理性及非常复杂的一个过程，它涉及企业岗位空缺的状况、后备梯队人员的状况、商业发展的机会和进度等等，既复杂又随机，并不是我们能够通过规划去扬长避短的。

举个例子，如果有一天公司的业务突然呈爆发式增长，很多人可能就突然有了很多机会。相反，在一些大公司里面，每个人的路径都是一阶一阶往上走的，但是突然有一天业务发生了变化，那么这些机会可能就没有了；当然，也有可能原来储备好的梯队突然被竞争对手给挖走了，那么机会突然就又冒出来了。

所以人事决策是一个非常复杂的过程，在这个过程里面不确定因素太多，让我们无法按照规划去达到我们原来设定好的目标。

我原来在宝洁的时候，我的导师是整个集团的 HRVP（人力资源副总裁），他在宝洁工作了三十几年，见过无数成功的职业经理人。当时我曾经请教过他一个问题：一个人在职场中要想快速发展和取得成就，主要取决于什么因素？具备什么条件可以使一个人在职场中走得更远、更顺？

我本来期待他会给我一些很高大上的答案，结果他告诉我说：“Belcome（我的英文名叫 Belcome），在我看来有 3 个因素是最重要的：第一个是 luck（运气）；第二个是 flexibility（弹性）；第三个是 personal leadership（个人的领导才能）。”

1.luck

而这里面，运气是排在第一位的。很多时候，机遇或者机会的出现是非常偶然的，有的人就是运气好一点，有的人就是背一点，和职业发展有很大的关系。

2.flexibility

第二个弹性，就和自己有关。当一个职业机会出现的时候，有的人会选择拒绝，比如说公司把你从广州调到上海，因为上海可能是整个公司非常重要的发展增长点。但你认为在广州生活很好，因为各种原因不愿意去上海，没有这样的弹性，那么你也许就错过了在上海的发展机会。所以这个弹性是非常重要的。

除了在地域上的弹性以外，还有在岗位上的弹性。比如你做销售，但公司需要你去拓展一个新的市场，很多时候你觉得在市场里没有人脉关系就拒绝了，那么你就丧失了一个未来去领导整盘生意的可能性。在你的职业早期，就缺少了这样的一个经验。

3.personal leadership

personal leadership 该怎么理解呢？就是对自己的认知，对自己各方面的情况都非常清楚，同时有一批相对忠实的追随者。作为一个领导人，非常重要的一点就是不断有人愿意追随你。

因为我们现在所处的时代，不是一个单打独斗的时代，也不是一个以自我为中心、独立作战的时代。任何时候，其实我们要看到组织的发展和自己的发展是结合在一起的，你帮助他们成功，他们也帮你成功，这个就叫众人拾柴火焰高。所以个人领导力是非常重要的一个因素。

刚才我讲了 luck、flexibility、personal leadership，这都是在个人的职业生涯过程中非常重要的因素。这讲的是第一个问题，我们为什么没法做这些规划。

第二个问题，我们不能做职业规划，难道我们要守株待兔一直等待机遇降临吗？必然不是，我们可以做选择。

回想一下大学毕业的时候，我们一个班、一个宿舍的同学会选择不同的道路、不同的行业，那么他们未来职业发展的路径和速度都会有天壤之别。很多时候它不一定取决于你智商的高低和努力程度，能够决定这个职业发展的路径，和选择有很大关系。

记得我 1996 年大学毕业的时候进入宝洁，当时的月薪是 3900 元，薪水相当可观。当时我的父亲在国有企业上班，月薪是 500 元。我跟我父亲说：“我加入宝洁了，一个做清洁的公司。”父亲纳闷这家公司怎么会这么有钱。那时候大家还不认识宝洁。

10 年以后，我在翰威特做咨询，其中一个客户是美的集团，通过服务美的集团，我当时有一个很重要的结论：如果中国未来家电产业还只剩下两家公司，那么肯定有一家是美的！

为什么呢？当你到美的这样一家公司的时候，你会发现，虽然它处在顺德北滘这样一个小镇上，但是却创造了一个奇迹：在三流城市，用二流人才创造一流绩效！

美的很多高管和我一样都是生于上个世纪70年代的人，作为上市公司的高管，可以说事业上是非常成功的。当我在访问他们的时候，问他们为什么那么有先见之明要加入美的。他们却回答说："其实当时是没有办法。"

因为我们那个年代有非常多优秀的人，学历够高、长得又帅、英语又好、德智体美劳全面发展，他们要么去了外资企业，要么去了政府当公务员，很少人会选择民营企业，即使选择了民营企业，他们也不会主动选择在顺德那么偏僻的第三梯队的企业里面去工作。但是10年后，我再给美的做项目的时候，我发现这些年纪和我差不多的高管，他们的年薪大概是我的3到4倍。

反过来说，如果当时在毕业的时候有两个offer摆在你面前，一个是宝洁的3900元，一个是美的600元，你会选择哪一个？其实只要这个人脑子没什么问题，他都会选择加入宝洁。

为什么在10年后会有这么大的差异？后来我明白了，是因为我们选择了不同的行业。学会选择，是一项很重要的技能，它能决定你一生的走向。

1. 学会选择行业

宝洁是消费品行业，整个业务的增长是以人口基数的增长为基础的。如果全世界的人口每年增长 2%，那么消费品的消费量也就增长 2%，我们一天就刷两次牙，有的人特别爱干净，就刷 3 次，已经算是极限了。所以说消费量是有限的，那么像宝洁这样的消费品公司每年整个 global（全球的）预算也就按 2%~3% 的方式来增长，但美的不一样。

作为一家在 90 年代中期快速发展起来的家电企业，第一批加入美的的员工，他们接受过良好的教育，同时又在这种充分自由竞争的土壤里面和公司一起快速成长，可以说每个人都有比较好的发展机会。

所以我说职业生涯最重要的是选择，就是你要选择一个即使干了 10 年也不会后悔的行业。像 90 年代中期，这些行业大部分快速发展都是和民生有关，2000 年以后的行业，像房地产、互联网等等，完全可以看到行业的热点也是在不停地转换。所以只要我们预见到未来 10 年比较火的行业是什么，那么我们选择这样的行业，在若干年后就不会后悔。

2. 学会选择企业

除了选择行业，我们还要看怎么在这个行业里选择一个适合的企业，这是第二个重要的选择。你比如说都是家电企业，同样在顺德，不光有美的，还有科隆、华宝等等一堆我们熟悉或不熟悉的品牌。为什么很多企业都倒闭了，只有美的活下来了？所以我们需要去看在一个快速成长的行业里面，一个什么样的企业才有可能走得更远，那就应该看这个企业的领导人。美的带头人是何享健，美的员工都非常敬重他，叫他何老板，他是一位非常谦虚的老人家。

记得我刚满 30 岁那一年，给美的高管董事会讲课，何总坐我旁边，跟我说："许老师，我有个问题想要请教一下。"不光是对我们这些顾问这样，对员工、对高管层也一样，他非常重视高管团队的激励分配和发展问题，因为他觉得人的问题是第一位，人的问题解决了，业务的问题就能够解决。这也是为什么美的有一大批年轻经理人能够获得非常充分的授权，能够非常好地按照自己的想法做事情的一个重要原因。

当然，美的在今天成为一个行业领头羊的角色还有一个很重要的原因，就是他们有一种赛马的文化，根据你跑得快和慢，对你进行选择，这和达尔文的进化论一样。它不一定会有很多时间去教你怎么做事情，但是你只要跑得快，那么就会给你足够的空间让你去发展。

这就是为什么我们要去选择行业里面的不同企业，这些不同的企业，他们的策略和未来的发展路径肯定是不一样的。如果我们能够和这样快速成长的企业在一起，并遇到一个风口，那么我们的道路就一定会比别人的顺畅、宽广。

当然我们每个人的兴趣和价值观是不一样的，有的人喜欢冒险，有的人喜欢规避风险。如果选择了规避风险，那么你获得的收益和回报也一定是相对稳定的，你既然做了这样一个选择，你就不用去羡慕其他人。

3. 学会选择同伴

第三个很重要的选择就是我们需要选择和什么样的人一起工作，也就是我们周围的小伙伴应该是什么样的人，这个是可以选择的。

当你走进一家公司面试，当你去浏览他们的网站，和他们的员工进行交流的时候，你其实是可以感受到这家公司的人是什么样子的。我们中国有句古话叫“近朱者赤，近墨者黑”，也有一句俗语叫“物以类聚，人以群分”，意思就是我们和什么样的人在一起，那么我们基本上也就会趋同于这样的人。

我去企业里面和一些员工交流的时候，他们会问我：“许老师，我怎么能够让老板给我加工资？”我说：“薪酬这个事，不是老板给你，而是市场给的。这里说的市场不是指的市场调研或市场研究，也不是说市场给这个岗位多少钱，老板就应该给你多少钱，这和你的能力、绩效有关系。所以我们判断一个人的薪酬高低、合适还是不合适，只有一个判断标准，就是经常和你联系的那 50 个人的平均薪酬，就应该是你的薪酬。如果你天天都是和各个公司的老板在一起交流沟通谈话，那你就应该是个老板，这就是市场赋予你的价值和价格。所以我们和什么样的人在一起互动，决定了我们能够成为一个什么样的人，当然这个阶梯它是逐渐往上成长的。”

第三个问题，就是我们既然知道要做这样一些选择题，我们需要做什么样的准备来做选择？

首先我们应该有一个非常明确的自我认知，这是首先要准备的，其实很多人对自己不太了解，甚至有些人对自我了解程度之低简直难以想象！我们做过研究，发现大约有三分之二的人对自己的认知是不准确的，甚至在这三分之二里面，有将近一半的人，对自己的认知和别人对他的评价是完全相反的。

所以，我们首先要做的准备就是要深刻地认识自己，包括自己的价值观、真实的兴趣爱好，一定要多听自己内心的声音：我自己的个性适合什么样的环境、适合什么样的工作，我究竟对什么真正感兴趣，这是非常重要的。

我经常给人做一个测试，叫“大五人格”，大五人格是一个有理论基础、经过长期实践的心理学测量产品，可以说现在我们市面上大部分的测量测评的产品都是基于大五人格进行演化的。

大五人格从 5 个维度对人进行分析和认知：

第一个维度是进取性，也就是我们的成就动机和成就意愿有多强；第二个维度是外向性，就是遇上一群我们不熟悉的人，我们是愿意尽快地去建立关系，还是缩在角落里当一个安静的“美男子”；第三个是宜人性，就是我们怎么去看待别人，我们的同理心有多强，别人遇到压力的时候我们是帮助别人分担压力，还是就事论事；第四个是尽责性，就是我们对规则、纪律，对原则流程的遵守程度，我们喜欢按部就班，还是另辟蹊径；第五个是非常重要的情绪性，就是我们遇到好消息或坏消息，遇到好人或不好的人，能否控制住自己的情绪，是否容易拍桌子生气等等。

这 5 个方面对于不同的岗位应该都有它各自的方向。哪一些人在哪些方面比较突出，更适合哪些岗位，对这方面感兴趣的读者可以参考一本书，叫《大五人格心理学》，这是我们倍智人才研究院出版的，对这些内容都做了比较详细的描述，大家可以看一下。

第二个很重要的准备就是我们要主动地去寻求反馈，要去找别人给自己提意见。

反馈是一种礼物，我们很多人一辈子都没有收到过反馈，或者是没有收到过真正的反馈：有的人比较火爆，别人反馈就拍桌子翻脸不认人，所以别人不愿意给他反馈；有的人希望能够得到反馈，但场合不对、时间地点也不对，比如说吃饭的时候一堆人嘻嘻哈哈，他也没法给你反馈。

所以寻求反馈需要一个比较正式，同时也比较私密的空间，要找一个比较了解你的人来给你提供意见和建议。他可能是你的平辈、长辈，或者你的导师、上级、领导，或者你曾经的下级等等，他们每个人都和你有比较亲密的接触，对你有深刻的了解，所以他们可以通过自己的观察给你提供反馈和建议。如果一个人从来没有收到过反馈，那么我可以断定他几乎是没法快速获得进步和提升的。因为我们每个人都是在反馈中成长和进步的，所以我们要主动地向他人寻求反馈。

如果我们能够做到这一点，就能够非常快地提升我们的personal leadership（个人领导力）。

第三个准备就是我们一定要去交一些跨行业、跨职能的朋友，但一定要靠谱，而不是酒肉朋友。我们的职业发展需要方方面面的帮助，不管是来自公司内部还是外部，没有人能保证我们在一家公司干一辈子，这样的时代已经过去了，所以我们一定要为未来的跨职能、跨行业、跨专业做好充分的准备。我们需要在不同行业去交一些朋友，这些准备是非常必要的，这些人能帮助我们在一个时间点上获取一些重要的信息，从而能够做一个更好的决策或者选择。

有时候我经常会回过头来去找我的大学同学、研究生同学做一些互动。虽然他们和我处在不同的行业，也不在同一个城市，但是他们有自己的观察，他们对某一个企业和某一个行业有自己的想法，所以这些同学不管是班里的、系里的，还是学院里面的，只要他靠谱、愿意与人分享，那么就应该和他们保持互动。

去年我的大学本科的母校西安交大，派了一批师弟师妹到我公司来交流，他们就问了我一个问题：读书 4 年，你最大的收获是什么?

我说我最大的收获就是认识了一堆各个院系的牛人，这也是我工作 20 多年来最深刻的体会。这些人现在分布在祖国的四面八方，分布在不同的职能领域，而他们对我的职业发展，包括对我公司今天的发展都起了很大的作用。

所以我对他们的建议就是：在大学里面把功课做好当然很重要，除此之外，唯一重要的任务就是去认识各个院系的牛人，因为这些人未来都是社会精英，你和他们在一起、跟他们成为朋友，你就会成为精英。

本质上没有一个东西，我们是能去规划好的，不可能像教材里面说的那样按部就班，按照某个方法论去规划自己，这几乎是不靠谱的，虽然很时髦。

但是企业职业通道是需要做的，它只能是一个方向，可以按照这样从 A 到 B，到 C 这样去走。但是我们自己应该很清楚，我们在公司这样一个环境下，在自己现有的资源下，如何才有可能从 A 到 B，这个事公司是没法帮你解决的，只有靠自己去解决。所以我说职业规划是很难实现的，但我们能够做一些选择，为了做好这些选择，我们需要做好充分的准备，因为只有准备充分，我们才会足够 luck（幸运）。

05 职场上，会哭的孩子才有奶吃?

我们经常说：会哭的孩子有奶吃。那么在职场上会“哭”的孩子也一定有奶吃吗?我们要如何看待“哭”对职场升迁的作用呢?什么时候“哭”才正确且有效呢?

面对这个话题，很多人有话要讲，先来看看网友们的一些说法。

@漂亮碗碗：这个社会，是不是会闹的人才有出路?员工心里不爽，一闹也可以得到安抚，甚至升职加薪，那些平和的人要怎么办?不闹不代表是认同，也不代表可以默默承受，我只是不想高调，你怎么知道我不关注、我不想?

@都是琐事：老板找我谈话，先是说别的分公司奖金发放额度、加薪幅度，然后和我说了我的涨幅。涨幅几乎可以忽略不计，我表达了我的不满：“我的工资从来的那一天，一年多没有变。”老板很惊讶说：“去年4月没涨吗?”后来他去找HR查了一下，才发现是他们忘记了。我晕！所以有难处必须说啊。

@音小琴：坐在我旁边的同事升职了，除了工资提高了一级之外，还给了他住房补助，大家都在议论。他经常找公司领导诉苦，说是家庭经济困难，一家4口挤在一个公寓里，不方便；下半年，孩子就要上小学了，问题更严重了。说多了，老板自然想着这个事情，唉!

摩根士丹利调查发现：不随和的员工比容易相处的员工年薪高 18%。其中，不随和的女员工平均年薪比好相处的女员工高 5%。研究人员分析，随和的人更容易为集体利益做出牺牲，而“刺头”更倾向于守住自己的利益。

美国康奈尔大学的一项调查发现：职场存在脾气收入论，容易相处的员工，薪酬明显低于脾气不太好的员工。在职场上，当你天真地以为你的忍让和包容会令你的同事或者上司感激不尽时，其实，他们也许压根儿没意识到。

那么，我们要如何看待“会哭”这个问题呢？是否在职场中，必须要学会“哭”？有哪些需要注意的地方呢？在这里我想谈几个观点：

第一，会哭本质上是一种能力，而这种能力是非常重要的。在职场中，会“哭”证明了你会去表达你目前的状况。

无论在一家企业、一家公司，甚至一个部门，资源都是有限的，所以人员之间不可避免地存在竞争关系。在这个时候，会哭的员工或者说是那些善于表达的员工获得资源的可能性会更大。

我在甲方工作的时候，有很多人是非常善于表达的。大家不要看不起这些人，表达的过程，其实是让你对现有情况和目前自己的想法做一个系统的总结。这种总结会让领导理解和明白：现在你在哪些方面遇到了问题，我可以进行怎样的帮助。

会哭，实际上是把我们的现有状况，通过一个合适的渠道宣泄出来。所以，会哭的员工会得到更多的关注，能够获得大家更多的指导和帮助。

在职场中，很多人认为：只要我把我的本职工作做好了，领导就应该关注到我，就应该表扬我，就应该给我配备充足的资源，虽然我什么也没说。这只是你的认为而已，领导并没有那么多精力去一个个了解员工需要什么支持和资源，因为执行者是你，所以你更加清楚自己需要什么。

当工作中遇到阻碍时，善于表达的员工能够在表达的过程中梳理现有的问题，并且以更有逻辑、更有效的方式传达给他人，第一时间获得他人的关注与支持，晋升和发展的机会也会更大。

所以会哭是一个重要的技能，也是一个重要的手段。

第二，是不是会哭就一定有奶吃呢？这是不一定的，这主要由两个因素来决定。

1. 你遇到一个什么样的“妈”。

如果你在一个初创公司的创业阶段，我不太赞同在这个阶段就开始去哭、去抢资源。因为整个公司的资源都是十分紧张和有限的，就好比“这妈都没有奶，你哭也是无济于事的”！

2.“哭”要学会看场合

日常生活中，我们在坐地铁、坐飞机、看电影时，如果周围有小孩子一直在哭，闹个不停，相信你一定会觉得很烦。也许他是真的饿了，真的不舒服，但他的哭闹已经在无形中对周围人造成了干扰。在这样的情况下，就算可以立即获得奶吃，获得安抚，但如果继续哭闹下去，会带来很多负面影响。

在工作中如果不看场合去“哭闹”，同样会让周围的人反感。而这也会陷入一种恶性循环，一哭就有“奶”吃，一而再，再而三，其他人就会觉得：“这人除了会哭，其他什么也不会！那就让他去哭吧。”

并不是所有事情都要通过哭来解决，很多时候你可以通过自身努力去发现解决问题的途径。正所谓“得道多助，失道寡助”，当你慢慢形成了这种依赖路径后，时间一长，你会成为一个孤家寡人，除了哭再无他法。

“会哭”是职场上的生存技能，但是要懂得在什么场合使用，才能最大限度地利用好它。

06 职场新人如何“stay hungry，stay young”

“今日头条”的创始人张一鸣曾给新入职的大学生分享了他对职场的一些体会。他提出了职场新人要“stay hungry，stay young”，也就是要保持上进心与好奇心，同时也要保持青春的活力，做事不拘一格，并且给年轻人提出了 5 点建议：第一，要有好奇心；第二，对不确定性要保持乐观；第三，不甘于平庸；第四，不要骄傲；第五，要有判断力。

张一鸣一共创业 5 次，也形成了自己独特的价值理念和经营方法。而现在企业家们给新进职场的年轻人贴上了很多标签：不太努力、贪图享受等等，于是便会经常感叹说 70 年代之前的人是多么吃苦耐劳。两者之间形成了鲜明的对比，其实这样对比的价值和意义并不大。

每个时代都有它们的标签，因为成长的路径以及所处环境的不同，所以造就了不同的人。70 年代参加高考的人数和现在差不多，70 年代的录取比例为 20：1，但如今的录取比例为 1.5：1，也就是现在的人上大学的概率高了很多。所以这就反映了一个现象：时代不一样，社会资源也就不一样，因而造就了个人学习习惯的不同，但是今天的学校依然可以发现很多优秀的人。

凭借着我二十几年的职业生涯经验，什么样的年轻人会有前途？那就是无论在什么行业，都能够发光发亮，并走到所属时代前端的人。

那是什么因素让这些人走的道路不一样？有以下 3 个：

第一，不计较得失。

在大部分情况下，特别是在职业发展的早期，我们可以看到这些年轻人并不那么计较得失，在完成任务的时候，他们并不计较功劳是否归自己。因为在一个公司、一个团队里面，要办成一件事，便需要一组人协同完成，而非单枪匹马。在心理学中有个测验，如果成功完成一件事之后，让参与的人都给自己打分，总价值贡献为 100，将每个人所写的贡献分数加起来是 141 分，可以看到大部分人都高估了自己。所以说在奖金分配中，是难以分配均匀的，因为每个人都觉得自己的贡献大，所得的奖金也应该多一点，最终的奖金总数也难以符合他们的期望值。所以很多人能够不计较得失，对于个人前途颇有益处。对于他们来说，事情本身不是最重要的，最重要的是工作的过程，他们看到的不是当下的成绩与奖励，而是长期收益。职业生涯从大学毕业到退休，一般为 30 多年，所以早期不那么计较，就会有较好的群众基础，从而后期会有更好的收益。

第二，不畏惧挑战。

年轻人不要被各种条条框框所拘束，应该给自己更大的压力，不懂就学。在早期就去接触一些具有挑战性的任务，这对于未来的发展非常重要。学习过程有一个学习曲线——抛物线，在学习早期会比较陡峭，过了一段时间以后就会趋于平衡状态，那么如果在平衡阶段积累的时间越长，收益就会越少，无论是经验还是知识，获取的速度都会越来越缓慢，所以只有让自己不断进入一个新领域中挑战自己，我们的学习状态才会保持一个上升的状态。所以不要畏惧新事物，要以开放的心态，做好随时接受挑战的准备。

第三，在年轻的时候不贪图享乐。

贪图享受也分为精神上的和物质上的，物质上的便是吃喝玩乐。精神上贪图享乐比物质上的更可怕，同样地，精神上的吃苦耐劳，比物质上的吃苦耐劳要更难能可贵。所以，作为年轻人，在面对不确定的情形的时候要不断给自己打气，在思想上不能懒惰。

比如作为一个给企业提供咨询服务的专业顾问，面对未知的咨询对象，便需要去学习大量的东西，翻阅资料书籍，以了解相关信息，这个过程很艰辛，但是，自己所经历的过程是其他人未曾体验过的，因而自己所取得的成就也是他人难以触及的。所以有时候在同一家公司工作的两个人，享受的时间，特别在精神上享受时间的多少，便决定了他们后来成长的跨越和差距。

总而言之，以上就是给如今的年轻人的 3 个建议。在职场里面，特别是作为一个新人，应该怎样来面对职场和工作问题？怎样来面对工作成果以及周围的伙伴？怎样面对挑战和生活问题？那便是：不计较得失、不畏惧挑战以及不贪图享受。

07 为什么要读 MBA，读 MBA 有用吗？

在职场充电手册里，MBA 看上去是高大上的，因为读 MBA 不仅要花很多钱，而且也要花很多时间。在我们身边，也有很多关于 MBA 成功人士的传奇故事，一些商学院在招生的时候也不遗余力地去宣传本校的著名校友，他们或是企业家，或是富豪，于是不少人对读 MBA 心生向往。

对于 MBA，首先需要区分 MBA 和 EMBA 两个不同的概念。EMBA 是以拓宽人脉圈子、开阔视野为主，而 MBA 还附带着一些通才教育，受众人群以及后续的走向、出路是不太一样的。从我国的学历教育范围来看，MBA 属于硕士研究生，如果一个人毕业后有 3 年的工作经验，并在一些管理岗位上有所实践，就可以报考 MBA。

那么在当下许多人为什么选择读 MBA，有以下 3 种基本情况：

第一，学习新知识。在管理工作上有很多不懂的地方，这时便要学习一些知识，比如国外的先进案例等等，给自己补充新鲜血液。

第二，转行或转职诉求强烈。一些人因为自己当初就读的本科院校不太好，于是便选择去一些名校接受 MBA 教育，进行身份转换，从而实现较好的职业转换。

第三，结交新朋友。因为在工作上的朋友圈固定有限，在学校中则有来自各行各业的人，大家在一起便可以交朋友。

对于第一种情况，能否学习到新知识，主要取决于学校以及周围同学的情况，因为一些学校的教材案例与当下这个时代是脱节的。但读 MBA，我们不仅要学到新知识，更重要的是和同学之间的交流和讨论，与那些来自于不同行业的优秀的人一起，可能给自己带来更多的体会和感受，学到的东西也可能比在课堂上更多。对于实现职业转换，据中山大学学生就读 MBA 后就业的有关数据，在统计人群中接近一半的人实现了职业转换，可见就读 MBA 之后职业转换成功的概率是比较大的。认识新朋友的目的也基本可以实现，但是对于这方面不能过于功利，不能一开始就想着结交大老板，在未来共同做一番事业，这个可能性不大。

而对于接受 MBA 教育，要让它的价值最大化，在心态上需要注意两点。

首先，不要想着立刻有回报。

比如你在读书之前年薪大概是 10 万元，两三年的 MBA 起码要花费十几万元，如果是脱产就读，还得放弃工作，所需付出的则更多，但不能说因为投资很大，读完 MBA 之后就要求立刻有回报。

企业最重视的还是实践能力，而不是课堂上所学的知识。学习中有一个理论，叫作“721”理论——即我们学到的知识，10% 来自课堂，20% 来自反馈，70% 来自工作实践。因此读 MBA，将所学知识和工作结合起来，投资回报才能够更及时，而对于脱产就读的人，回报时间相对会更长。

第二，对师资与教材不要吹毛求疵。

在 MBA 教学中，课堂上老师一天可能会讲几十页，甚至上百页，那么更重要的是在案例和同学之间的讨论分享中，这种小组内部活动的参与比上课认真听讲更为重要。

如果要读 MBA，可以参考以下建议：

第一，在工作 5 年左右选择去就读。

因为太早去，经济压力会比较大；太晚去读，年纪比较大，会很难融入其他同学。一般本科毕业 22 岁，工作 5 年在二十七八岁左右，读完 MBA，30 岁左右，这个年纪正是风华正茂的时候，因而工作 5 年左右再就读 MBA 是一个较为理想的状态。

第二，一定要选好的学校。

因为好的学校，代表着无论学生还是其他资源都是较为优秀的，在这样的学校就读，受益匪浅。而且学校中的同学可能会是你终生的伙伴，一辈子的朋友。

他们和本科的同学不太一样，本科的同学一毕业便各奔东西，很难再聚在一起。而 MBA 的同学毕业以后，大部分人留在同一城市或者区域，因此彼此之间可以相互照应。在 5 年、10 年后，他们可能会变成你重要的社会资源。

有些学校办学时间较长，比如中山大学的 MBA，从 1999 年开设到现在已经有十几年的时间，因此也积累了大量的校友资源，当然并不是每个校友你都能认识，但在校园中的一些杰出校友分布在区域中各行各业，从而形成了一张网，最后也会是一个有效的资源。

第三，尽量在职就读。

一方面，经济压力没那么大；另一方面，能够学以致用，将自己学到的东西运用到企业当中。这样才足以更好地去发挥自己的特长，否则经济压力过大，可能会让自己形成不太恰当的心态。

从企业的角度来看，送员工就读 MBA 的投资回报率并不高。在成长与发展人才方面的研究中，投资回报率最低的项目，就是送员工去读 MBA。很多人读完 MBA 之后便选择了转行或换岗，因为他们在就读期间开拓了视野，结识了不同的朋友，于是便会产生新的想法，那么当下的职位便很有可能难以满足他的需求。所以对企业而言，这种投资风险很高，而投资回报却很低，不是一个非常好的人才培养和发展的手段。很多公司会有这样的体验：如果一个人执意要去读 MBA，那么他离开公司的可能性是比较大的。

总而言之，对个体而言，读 MBA 对职业生涯的发展、朋友圈的多元化，以及后续的成长与发展都有很大的帮助，但前提是一定要找一个好的学校，同时尽量在职就读。在读书时不要急于想回报的问题，因为它是长期的事情，在有了学校、校友等资源之后，获得回报是迟早的。

08 外向的人比内向的人赚得多?

很多人会很好奇性格是否和薪酬收入有关。比如说性格外向和性格内向的人的收入是否有很大的差别?

市场上也有一些相关的调研数据，而前不久威尔士大学、爱丁堡大学、巴塞罗那大学和谢菲尔德大学做了一个关于性格特征与工作效率相关性的共同研究，在这个研究中也谈及性格和收入之间的关系，当中有一个关于外向和内向的人的大概状况的数据，即如果以月薪收入 1 万元来看，可以看到外向的人的月薪整体高于 1 万的人占 26.2%，而同等学历，内向的人月薪高于 1 万的人占比为 19.8%。从这个数据上来看，两者的薪酬还是有一定差异的，看似外向的人更容易获得高薪，但再深入探究时，会发现结论是不太一样的。因为高薪的管理岗位比较多，所以说不是外向的人的收入高，而是外向的人更容易获得管理岗位，因而看上去他们的薪酬会比内向的人高一些。

那么为什么外向的人更容易进入管理岗位就职?其实这个问题认真想一想，便可以得到答案。

第一，无论是在哪一个公司、行业或者部门，作为管理者都要去沟通、宣讲和与客户打交道，所以对于管理者而言，一个重要的能力便是有较强的沟通能力，甚至在一定程度上需要去激励他人实现目标。只有这样，才能够实现整体的组织目标，从而才能够做好管理事务。

第二，职能管理者特别是级别越高的管理者，他们大部分的精力都要花在对外的客户服务业务上，其实在公司中大部分管理者扮演的是销售角色，向一些小公司甚至是一些大企业售卖专业服务或产品，在这种情况下，对外的销售能力以及综合的沟通协调能力便显得尤为重要，这是外向的人更容易达到的要求。

第三，作为一个管理者，很重要的一点是要懂得摆平内部的事情。面对员工的绩效，无论是高是低，都要理性沟通处理好；同时也要善于解决各种冲突，而要处理好各种冲突，便需要有较高的情商和处理情绪的能力。

其实人与人的沟通，交互传达的是一种情绪，而对人的管理也是一样，在很大程度上是在对情绪进行管理。通过激励员工，让他热血沸腾；或者通过打击，让他认识到自己的不足，同时打击完以后还要让他有缓过来的余地，这时便需要去观察每个人的情绪变化，这就是情商。是否具有高情商，很重要的一点是是否能把握与感知自己的情绪以及他人的情绪并且及时采取行动。

所以，一个外向的人，他的沟通能力、面对客户时的处理能力相对而言会更强一些，其情绪的稳定性也较好，体验和感知他人的情绪以及影响他人情绪的能力会更强，从而他成为一个管理者的可能性就会更高，那么他的收入自然而然就会更高一些。

当然有的人会说，很多程序员不都是内向型的吗，但他们的收入也挺高的。特别是在互联网时代，不管是哪一类的程序员，都会很抢手，这是因为整个市场的创业氛围造成程序员、开发者极度稀缺，因而他们的薪酬就高，这是由行情决定的，但是在这内向的人群中又有一些人会成为领导人。所以外向和内向也是相对而言的，只是企业群体不同，性格也会有所不同。所以不能因为看到有一些内向的人收入高，就认为内向一定会比外向要好。当然在本质上，性格没有好坏，这里所提及的也只是性格和收入之间的关联性问题。

总而言之，大多数人之所以认为外向的人比内向的人的平均收入要高，是因为外向的人更容易走到领导岗位上去，能够更好地影响他人，影响客户和生意。而能做到影响他人，是因为他们的性格使他们能够有较强的沟通能力、社交能力以及与他人和谐相处的能力，也就是所谓的高情商。

09 从奥运冠军看职场中长期坚持的驱动力秘密

在已结束的里约奥运会女子双人3米板跳水比赛中，著名的跳水老将吴敏霞完美发挥，再次拿到金牌。这块金牌对于连续参加了4届奥运会的吴敏霞来说特别不容易，她12年来对于跳水的坚持，令人敬佩。对于蝉联4届奥运会的女子双人3米板比赛冠军，更是让人竖起大拇指为她点赞。吴敏霞参加了4届奥运会，总共获得5枚金牌，她已经成为中国奥运史上获得金牌最多的运动员。

假如把奥运会也看成一个职场，也就是类似吴敏霞在职业生涯绽放光芒的地方，那么一个员工或者职场新人，是否能够为了一个项目坚持12年甚至更长时间呢？对于管理者而言，又如何能够让一个职场新人为其事业而坚持12年或更长的时间，甚至奉献他毕生的精力和心血？

关于职场心态，在专业领域里面有一个“1万小时定律”，就是如果一个人坚持做一件事情，时间累积到1万小时以上，他一定会成为这个领域的专家。很多人会觉得坚持1万小时是一件很容易的事情，实际上并非如此。比如一个人是做人力资源方面工作的，那么在1万个小时的时间里都要给别人做咨询，如果每天花 2 个小时，那就是需要坚持 5 千天，也就是大概 15 年的时间。也许每天花的时间长一点，每天 5 个小时，也要坚持 2 千天，大概 6 年。

如果能够在职场中坚持不懈做 6 年或者是 15 年，那么这个人在某个领域取得成功并不是一件难事，从而获得该领域中一个成功人士的标签，大家也会认为这个人是一个值得学习的榜样。但是很多职场新人，通常都是 3 分钟热度，特别是刚入职场的学生，他们经常会因为工作枯燥乏味，或者长期做重复性工作，而向管理者提出更换部门或者辞职的要求。

而无论是在职场之中还是职场之外，大部分的事情都是需要重复做的：前台的工作需要每天重复地收邮件、打电话、与快递接触；销售人员的工作需要重复地搜寻客户的信息、找客户、拜访客户去销售产品；研发人员的工作也需要重复地去找研发的方向、做实验，反复经历失败然后再重新做起，不断地循环往复。当然，领导岗位的工作也不例外，老板需要每天找员工谈话沟通解决人事问题、找投资人谈话沟通解决融资问题，他的工作也是在重复中度过。所以循环往复几乎是从事所有工作的必经之路。换一个角度说，如果一份工作的所有事情都是处于不断地创新，而没有重复的状态，那么无论是员工个人还是公司本身，都会处于一种崩溃的状态。

所以对于职场新人来说，一定要端正自己的职业心态。重复的事情并不可怕，而重复也是工作中的一个必然选择，因而更重要的是能够在重复的事情中寻求创新，在这些事情中找到兴奋点从而实现突破，以创造更多价值，这是在重复工作中唯一能够做的事情。

那么职场新人如何能够更好地端正心态，不因工作的重复而丧失了工作的乐趣呢？有以下 3 个重要的建议：

第一，在工作的部门或者在公司范围内找到一个朋友，这样才不会因为新的工作环境而感到孤独，同时也可以分享体验、交流经验。

第二，找到一个乐趣或者一个目标。也就是在公司或者行业部门中，寻找在接下来的几个月或者一两年的时间里，有什么东西能够驱动自己，使自己处于兴奋状态，从而找到工作的乐趣。如果工作只是为了工作，那么我们就和行尸走肉一般，工作也会没有丝毫乐趣。

第三，找到一个标杆。榜样的力量是无穷的，无论是和你同龄的、还是比你年长的人，当你找到这样一个榜样后，就有了长期的、持续的奋斗目标——你往后想要成为的模样。

还记得初入宝洁时，领导和我的第一次让人非常震惊的谈话，他当时说：“你是否想过你退休后是什么样的？你要去思考你的未来，你期望自己将来是怎么样的？如果我们从来都没有想过自己将来期望成为的模样，那么渐渐地就会迷失自我，找不到前行方向。”

10 易建联都重返 NBA 了，你还在犹豫要不要吃回头草?

在里约奥运会前后，著名球星易建联重返 NBA，而他在这届奥运会上也有着不错的表现，其间一共打了 5 场球，场均得分为 20.5，特别是在对抗美国的比赛中拿到了 25 分，从他的表现上来看，他的水平是可以回到 NBA 球队的。而在 4 年前，易建联作为驰骋在 NBA 球场上的新人，他回来后也成了国家队的主力，然而 4 年后他又重返了 NBA。不少人会说："这样是否是在吃回头草?如果他有本事的话应该在中国接着打篮球啊！"

但如果站在职场的角度上看问题，所得出的结论也会不太一样，比如你在一个公司服务了几年，然后因为某些原因而离开，过了几年后，原公司的老板叫你回去，你会不会回去?

这是一个非常有趣的话题——对于职场人士而言，在公司工作的白领是否要吃回头草?白领吃回头草这种现象普遍吗，以及如果要吃回头草这个草该怎么吃，这是职场人士需要去思考的问题。有很多企业，会很乐意把以前离开的员工再招回来，其中一些企业也成立了“校友会”，所谓的校友会就是把所有离开同一企业的员工集中起来组成的一个非正式组织。

而宝洁也有这样的“校友会”，离开宝洁的人每年都可以聚在一起，他们以前都在同一个公司，现在分布在不同的行业中，彼此再次聚在一起，或许也还能够相互照应。当然开“校友会”的时候，宝洁现任的高管也会经常到活动上讲话，勉励大家的同时也通报公司最新的情况，让离开宝洁的人能够知道他曾经就职的公司的进展状况。除了外企，本土企业也有这样的组织，像腾讯有“南极圈”，即曾经在腾讯工作过的人组成的一个圈子。

实际上，很多企业非常看重离职员工所组成的群体，特别是公司越大、时间越久，这个群体也会越来越大，他们在行业内也会产生很大的效益，那么这个群体在一定程度上也是公司的一个非常重要的人才库，企业管理者可以从这里面找到一些人再次加入公司。

曾看到过一个企业的员工，离开公司 5 次，加入了 6 次，一方面说明这个公司很开放包容；另一方面，也说明这个员工很矫情，说离开就离开。

那么我们该如何看待职场人士吃回头草的问题？从个人角度来看，企业照顾好离职员工群体当然有它的好处，那么对于个体而言是否应该吃回头草呢？

在对这方面内容的调研中发现，被调查人群中大概有四分之一的人愿意回到原来的公司工作，特别是他们职业生涯的第一份工作，通常他们在那里付出了非常多的感情，有了很多历练与经历，甚至收获了爱情。

对于恋旧的人来说，之前的老板、同事还在那里，因而他们很愿意回到原来的公司工作。那么剩下的四分之三的人是选择不吃回头草的，因为这些人清楚地知道自己当初为什么要离开。

那么作为职场人士在判断自己是否要吃回头草时，有以下3个重要的考虑因素：

第一，原来任职的公司的整体发展状况是否能够和自己同步，也就是在你进步的同时公司是否也在进步。如果你离开该公司后，原来自己是处于停滞不前的状态却变成了大踏步前进，那么这样的公司是不值得你回去的，因为它留给你的不是一个机会，很有可能是一个“坑”，即公司遇到了很大的困难，因而需要你回去解决一些问题。在这样的公司里，你的想法与抱负是难以实现的。

第二，要考虑回去以后自己任职的岗位是否能发生变化。如果回去以后所做的工作和以前差不多，那么是没有必要回去的，除非自己选择在这家公司做到退休，或者个人喜欢做一些原来非常熟悉的事情。

第三，考虑老板、周围同事的想法。既然选择回去，那么就得面对原来一起工作的伙伴以及曾经服务过的客户，因而自己不仅要照顾到邀约自己回去的老板的想法，还要考虑周围人的想法。

假如以往的同事，你们一起晋升到经理或主管岗位，若干年后你独自离开，原来那个人还在做经理，而现在你回去以后却变成了他的领导，这种情况彼此都会比较尴尬，所以自己需要去了解原来的工作伙伴在原公司的大致发展状况，从而能够在做决策之前和这些人进行沟通，去了解公司中新人、旧人的大概状况，以免往后发生一些不愉快的事情。

当然易建联的状况和上述有所不同，因为 NBA 赛场上本来就很少有中国球员，而球员是反复迭代的。易建联还正当壮年，所以他重回 NBA 能够很好地体现他的价值。但是在职场上就不一定，所以当我们面对原公司的召唤和邀请的时候，就要针对上述几个考虑因素，把问题想得清楚透彻，那么无论是拒绝还是答应，我们做决定的时候都会更有把握。

11 99% 的创业失败只因为一个字

从 2016 年开始，我们就迎来了一个全民创业的时代。大众创新，万众创业，好像现在不说创业，不去创业就会显得很 out（落伍）了。

这可能是一个非常好的创业时代，但同时可能也是一个最激烈的时代。很多创业者在下海以后会发现，他们有非常多的竞争对手，很多人在和他们想同一件事情，在创同一个业，竞争是非常激烈的。

在这么多的创业大军里面，不可否认会涌现出非常多创业明星，特别是 90 后的明星，我们都把他们吹上了天，像马佳佳、超级课程表的余佳文等小朋友们。这里我说他们是小朋友，一点都没有歧视的意思，因为对于我这个年龄，他们确实就像一个小朋友，当然我们也可以向小朋友学习。

在这个过程里，我们会发现创业失败的概率其实是很高的。我们在看到很多创业明星的同时，也听到了很多创业失败的故事。在微信朋友圈里每天都会流传着 CEO 讲述“这 6 个月失败的体会”“这两年创业的感悟”，很多体会、感悟里面会谈到“融资失败”“团队矛盾”等问题。他们总结的东西是真实的，是他们在当时的真实反应。但我感觉，他们的总结还不够深刻，不太到位，因为他们对自己的反省和认知是不足的。

很多创业者，特别是失败的创业者，他们在看待问题的时候，大部分还是把问题归结于外部的原因、市场的原因，很少把问题归到自身或者是自己的项目上。我自己也是个创业者，5 年前我离开翰威特，放弃 400 万年薪出来创业，成立了今天这个公司。公司在 2015 年 11 月 19 日挂牌新三板，名称倍智测聘，我们是第一家挂牌上市的人力资源互联网公司。

在过去接近 20 多年的时间里，我自己创业，包括服务大量的企业。除了国有企业，我们大部分企业都是从零开始的，所以企业家本身也是一个创业者，只是今天他们已经比较成功。在他们各自的领域里面，有着不错的行业地位与发展前景。

在服务这些企业的过程中，我也和他们探讨了企业成功的奥秘，也去探访了他们在初创企业时遇到的困难和问题。与此同时，有一大批企业与他们一同成长起来，中间也有一些企业从中消失了。其实这样的故事在任何一个时代、任何一个年代都会发生，不是我们现在这个互联网时代才会有。

总结了过往服务过的企业，以及自己创业这几年的一个体悟，我认为 99% 的创业失败只因为一个字：贪。具体表现在什么方面呢？

第一，贪大。

企业家也好，创业者也好，他们一开始就想“我要做一个多大、多辉煌的事业，我面临的是一个千亿级的市场，所以我一定要做一件大事”，因为投资人的关系，资本的注入，让他需要不断地去讲大故事，让团队活在一个虚幻的世界里……

第二，贪快。

烧钱，使劲烧。我们见了非常多这样的故事，特别是 O2O 领域，很多人说他们的窗口期就是这么多，所以在窗口期必须要搞定这个事情。特别是我们最近听了许多汽车市场的故事，这些行业在当年都是非常风光的，融资都是以千万美金来算的，但现在却开始慢慢没落了，这都是因为贪快造成的。

第三，贪名。

很多创业者在创业早期，确实需要解决项目痛点，这时候他就需要去到各种场合路演，去刷脸、炒作，以求更多曝光。很多人都想快速地成名，贪图名声做出一些无底线的事。他们不是在路演，就是在路演的路上；不是在见投资人，就是在见投资人的路上，不断给自己造势……

但创业不是百米冲刺，而是一场马拉松，我们要跑赢这场马拉松，平时就需要非常好的训练，然后在真正的比赛过程中把握好跑步的节奏，只有这样，我们才有可能获得这场战斗的胜利。所以我们一定要内外兼修，在注重外部的同时，注重媒体、投资人的同时，一定要花时间关注组织能力的建设。

12 6项能力助力创业者创业成功

这是一个万众创业的时代，但创业成功并成为行业佼佼者的却屈指可数。99% 的创业者失败都是因为一个字——贪。如何才能知道自己是否适合创业，创业成功的概率有多高，这就涉及“创业力指数”的问题。

为了研究创业者创业成功的秘诀，我们对他们进行了 3 年的长线跟踪研究，发现他们创业成功与 6 项主要能力是高度相关的。这 6 项能力为商业判断能力、团队号召力、执行力、风险把控力、专注与坚韧以及自我反省力。

围绕这 6 项能力，我们把它做成了“创业力测评”产品。

当然不是每个人都适合创业，但是我们确实要有一个创业的梦想，创业者可以通过对创业力的测评，帮助其去判断自己的创业力指数有多少，从而减少创业失败的风险。我们可以根据这些创业力的指数做指引，找到自身存在的一些短板，这样可以在团队组合和团队搭建的过程中少走一些弯路。

下面我逐一介绍这 6 项能力：

1. 商业判断能力

商业判断力指的是，是否能够准确地对行业趋势和商机进行判断，找到盈利点，给出一些新颖的创业想法，并制定有竞争力和突破性的战略和计划。

商业判断力对于创业者来讲，是一个非常重要的基础要求，因为现在任何一个创业项目都有一大堆人和我们在同一条起跑线上，那么我们要创的这个业，或者我们要做的这个事情，应该是在一个针尖那么小的地方去找到一个商机，把它打通以后，才有可能把它做成一项事业。那么创业者就要去判断，这个针尖、这个点是一个真正的引爆点，还是不过是一个伪需求、一个伪引爆点。

我见过很多创业者拿着很多好看的商业 PPT 给投资人演讲、去构思这个商业的未来价值，可以看到他的商业逻辑完全是基于空想和假设，也就是说他一开始在设定自己的商业计划的时候，这个点也可能就找错了，那么他未来要想成功，将会遇到非常大的瓶颈和困难，因为他很难去真正验证这个市场的存在，这就是缺少商业判断力。

2. 团队号召力

团队号召力是指了解和用好各种人才的强项，并能够极大地去激发团队的荣誉感，营造团队的归属感，激发大家的士气和精神。

对于一个初创团队来讲，很难一开始就招到足够优秀的人，这是一个基本的假设。

没有一个创业公司一开始就能够招到很好的人，这个不太现实。你不管给这些优秀的人画多少个饼、给出多大的愿景，但毕竟是初创企业，除了最早的那几个合伙人或者是早期共同发起的员工以外，大部分的员工和团队其实还是很现实的，因为大家都需要生存。

那么从这个角度上讲，创业者需要有激发团队士气和精神的能力，让更多的人能够和团队走得更远。而这种所谓的士气和精神并非高大上、完全得依靠物质支出而得到的，因为初创团队付不起这种高成本的费用。

我们看到很多的初创团队早期是非常糟蹋钱和资源的，比如说谷歌、百度、阿里、腾讯办公室等等，所以你会说你看他们的氛围是这样，所以我们也要穿拖鞋上班，我们也应该提供下午茶等等。这些都属于无效资源，如果你招的创业团队的人都是冲着这个来的，那么公司前途堪忧。

所谓团队号召力，就是要激发人的真正的荣誉感，要以小步快跑的方式去赢得一些胜利，让你的团队和你长期走在一起。

3. 执行力

执行力就是要马上采取行动，有效地去协调人力、物力、财力，集中火力攻克某项事情。

我们很多创业者，他们的执行力都聚焦在某一些方面，比如说他感兴趣的事情，或者他擅长的事情。比如说产品开发，他可以熬夜，整日整夜地去做这个事情，和几个团队成员把这个事搞出来。但是一个组织的执行力是综合的，特别当你是创业团队的负责人时，需要考虑的就不光是某一方面，更需要全面、综合地考虑，让整个组织的执行力协调起来。如果你看到公司走得最晚的人是创始人、老板，那么这个公司也离倒闭不远了。

4. 风险把控能力

要审时度势，不能冒进，要根据行业的趋势和业务的进展，有效地进行风险评估，并采取相应的策略。

在风险把控这一块，对于很多首次创业的人来讲，通常会有两种情况：

一种就是太过保守，有可能他是从传统行业转到互联网创业，他对互联网的游戏规则不是太了解，很多时候思路还放不开。另外一种就是太冒进，看到周围一堆人都火起来了，好像马上都在风口上了，自己干着急，只想着赌一把，结果，后面眼看现金流断了，公司也就活不下去了。所以说，风险把控是一种非常综合的、平衡各方面的能力。

就像我经常讲的，当你是一把手、是创业者、在领导一个团队的时候，你就像指挥员扣扳机的那一刻。扳机扣早了，你的同志们冲上去就被敌人打死了；扳机扣晚了，这个阵地就不是你的了，所以对这个时间点的把握是非常非常关键的。我们大部分的创业者是属于扳机扣晚了的。

5. 专注和坚韧

就是不要受外界的干扰，要执着于自己的目标。即使是在低谷期，也能够坚持寻找一切可能的方法，去实现目标的这种能力。

很多创业者是非常孤独寂寞的。因为在他那个领域里面，当同行、投资人、外界、员工，包括一起创业的同志们，对这个想法还没有完全吃透的时候，会面临很多变数，也会有很多杂音影响我们的判断，究竟这个事是不是真的靠谱，每天你都会收到很多质疑。

但是专注和坚韧的能力，和我刚才讲的几种能力是紧密相关的。我们对行业的判断、我们自己团队的凝聚力、我们的执行情况等等，这些综合因素判断完了以后，一定要在某个领域沉下来。因为在某一个领域里面如果没有足够的积累，无论是 ToB（根据公司战略或工作需要，构建生态体系，或者推动将流程系统化，提高效率）还是 ToC（发现用户需求，定义用户价值，并准确地推动项目组达成这一目标）的业务，光是靠烧钱是不可持续的，它一定要有足够的积累，并在积累的过程中寻找到真正的商业模式。但如果我们等不到厚积薄发的那一天，这个公司已经完了，那你就没有意义了。

所以这是一个在专注和经济方面综合的能力，要做到这一点是非常不容易的。

6. 自我反省的能力

根据实际情况或者外界的反馈，去调整和改变自己的管理方式，弥补自己的不足，更好地发挥自己和团队的强项，以应对多变的环境。

曾子曰："吾日三省吾身。"这就是我们对自己的反省、对团队的反省。

联想有一个值得称赞的模式——复盘，就像围棋的复盘一样，下完每盘棋以后，我们复一下盘，看一下在过去的这一盘棋里面，哪一步可能走错了，如果再走一次，我们该怎么做。

其实我们也经常要复盘，因为复盘是对创业团队非常好的一个事情。当我们把整个月、整个季度的事情复盘看一下，会发现，如果重新来做，哪些方面、哪些东西可以做得更好。

这 6 项能力是我们判断创业者创业力的非常重要的要素。我们把这些要素归纳起来变成了一个创业力测评产业，可以帮助到我们的创业团队，能够很好地去发现自己的创业潜质，找到自己的短板。

13 性格中的自我毁灭基因

性格中的自我毁灭基因，看似深奥，但是在现实生活中不乏这样的例子，比如企业在招聘选拔人才时，会发现应聘者在应聘时的表现很突出，但是被录用后则会出现一些问题：例如销售任务不能按时完成；企业在内部提拔时，有些人员在现有的岗位上表现突出，但是提拔到领导岗位上后无法凝聚人心，结果不尽如人意。另外一些就职于金融行业的人员，处事非常周到，很有个人魅力，但是也会经常违反各种规章制度。这些都是企业在招聘时会遇到的问题。这是企业前期考察不够造成的吗？当然这是一方面的原因，另外一个原因则是个人性格中的自我毁灭基因。

我们每个人的天性里都存在一种两面性的基因。

一面是非常积极的状态。大部分人在就业早期，刚刚接触到一项任务和工作时就会表现得积极、阳光、坦诚开放。

另一面是被掩饰的阴暗面，也就是个性中的自我毁灭基因。人性中天生就有自我毁灭的基因，在有压力或取得成就沾沾自喜的情况下才会被激活，表现为破坏工作关系、阻碍高效工作、限制职业发展。例如：傲慢自负、以自我为中心、没有建设性、过于依赖等等，这都是每个人性格中潜在的“风险因素”使然。所以企业在招聘人才时，不仅要看积极的一面，还要考虑风险的一面，双重考虑才有可能阻止自我毁灭基因的发芽与生长，因为这种自我毁灭基因或者认知风险一旦爆发，可能会对组织造成巨大的破坏，而且潜伏期很长，通常不易被人察觉。

例如众所周知的富士康跳楼事件，那些员工心理健康的状况及抗压能力在入职的时候都是存在一些认知风险的。也有很多相关报道，比如说就职于金融机构的员工拿刀砍人的事件，他们的基因和性格里面也是存在一些风险的，因而企业便需要对这些提前考察。

而对于管理人员，他们的认知风险更隐蔽，特别是在职业生涯的早期。研究报告显示：成功的高管和与职业生涯发生脱轨的高管（此处的脱轨，是指管理者表现出了无法胜任所处的管理岗位，从而遇到了职业的天花板，面临降职或者离职的状况）其实都很聪明，很早便显露出突出的才干，他们雄心勃勃，有着出色的成就，缺点比较少。他们在积极面上没有太大的区别，那么这两者的差异是，成功的高管取得的成就是更为丰富的，他们更能够镇定地面对压力，以更优雅的姿态去处理错误，善于让其他人一起来解决问题，并且能够和形形色色的人相处得很好。

对于管理者而言，他性格中的风险因素起作用时，破坏性是非常大的，哪怕是性格中一个小小的缺陷。像不可一世、一直处在上风的西楚霸王最后败给刘邦而自刎乌江，这和他的心胸狭隘、生性多疑这些潜在的性格风险有很大的关系。越处于高位的管理者，他的言行就越会影响整个团队的凝聚力，甚至一个企业的兴衰存亡。

现在，不少500强企业已开始注意到了员工性格中的风险因素。世界上最大的多元化技术和服务公司通用电气，就在管理者的个人和团队发展项目中，把性格中的风险因素考虑了进去。

有一些人很聪明，自我驱动力很高，有很强的闯劲儿，他们要求很高，对普通员工也很严厉，这就是他的强项。而这个强项则存在着潜在的认知风险：过于有野心，待人不随和，不够冷静，不知道该怎样去发挥他人的潜力，不欣赏他人的做法。而这种风险可能会带来的麻烦是什么？苛刻地对待他人，人际吸引力的建立、修复人际关系的能力就会差一些。

部分人的强项是独立性很强，喜欢独立工作。但是独立性越强，强到一定程度就会物极必反，他不会发展下属，任命人才时，只会挑选和自己有相同点的，不会花精力解决下属的冲突。他是一个拙劣的授权者，所以他的认知风险就是不善于挑选和组建团队。

在现实中还有一些人，创造力很强，经验丰富，善于处理多项任务，这种人深受领导喜爱。处在这样一个环境中，永远不缺想法，思绪、思路不断涌进，给周围的人带来冲击，那么他的潜在风险是什么？不注重细节，做事条理不清晰，没有团队协作意识。但是更多时候一个公司执行任务是需要团队协作完成的，当这些人到领导岗位后，潜在风险就会越来越凸显，缺乏团队意识的人，就难以深入履行计划。

就职人员在岗位上所表现的强项，会随时间的推移逐渐变成不确定的风险，所以企业在做认知决策时，既需要看到应聘者的优势，同时也要看到优势背后可能带来的潜在问题和认知风险。如果这个岗位能承受这样的风险，那么就要好好利用这样的优势；如果这个岗位不能承受这样的风险，要么去规避它，要么在团队上通过组合补充不足，把风险降低到个人和组织能够承受的范围之内。

其实性格中的自我毁灭基因不是不可触碰的，只要了解和驯服它们，不仅能让冻结的生命能量解套，突破瓶颈和郁结的障碍，还可以大大降低企业人员在团队沟通中的内耗，减少行为方式的偏离，给团队和企业的发展注入新的活力，获得更大的收益！

Part3

人事招聘

如何搞定人才招聘

01 多年不换工作的人，比频繁跳槽更值得怀疑

很多人力资源主管在面试员工的时候，通常会看一个人以前在多少家公司工作过，或者有多少工作经验。在十几年前，一个频繁跳槽的人对一个公司而言是不值得招聘的。为什么呢？要么是这个人本身不太聪明，要么是招聘他的公司有问题，总之使用这样的人是有极大风险的。而现在，实际上企业所招聘的任何人，在他们的简历上大多都可以了解到他们以往的工作时间都很短。可以说频繁跳槽的比例比十几年前高得多，这又是什么原因？是时代的原因还是其他原因？企业应该招聘那些频繁跳槽的人，还是招聘那些十几年一直都不换工作的人？

今天的我们处于一个 VUCA 时代，它是一个复杂、动荡、不确定、模糊的时代，没有人知道接下来会发生什么，包括企业的一把手，他们很多时候都不太清楚企业的业务战略、业务方向是什么。这个时代有着很多不确定的因素，变数也有很多。

回过头来看，在如此多不确定因素的前提下，很多企业的用人标准、企业自身的业务方向和调整也会面临很多不确定性，甚至是很多的变化和动荡。

所以如今很多求职者，他们的频繁跳槽大多是被动离职，或是因为公司垮了、资金链断了，或是因为公司被并购了，所以获得了补偿金离开以后便需要换一份工作。这样的情况越来越多，所以便形成了和十几年前截然不同的局面。

十几年前，其实我们处于一个供需极不平衡的状态，整个中国处于一个非常亢奋的牛市状态，每个企业都有机会，如果一个人还是频繁跳槽，说明问题极有可能是出在个体身上。而今天员工的频繁跳槽不一定是由个体所造成的，很多时候是环境和社会原因造成的，所以我们可以换一种角度去看，对如今频繁跳槽的求职者用更开放、更包容的态度去看待。

美国在 2013 年和 2015 年都做过同一类调研。2013 年的调研对象是 80 年代参加工作的那批人，大概就是现今年龄在 45 岁到 50 岁之间的人，调查显示：他们在那个时代工作的前 6 年，平均要换 5.5 次工作。而在 2015 年所做的调研，是针对 1980 年后出生的人，也就是现在大概 30 岁左右的人群，调查他们在 25 岁以前平均换过多少次工作，调查所得出的结果是这一批人平均换过 6.3 次工作。由此可以看出，经过了 20 年，实际上两个不同时代的人，在换工作频率上的差距不是很大。

在美国这样一个相对比较成熟的国家中，相对频繁地换工作也是一个常态，因为当我们面对一些比较成熟的公司时，就得不断地去寻找新的机会，然后挖掘出新的项目，抓住新的机会，尝试新的挑战。而对于我们中国，现在正好也处在这样一个时期，所以对于年轻人来说，他们可以有很多机会，可以去尝试不同的东西、体验不同的工作。他们甚至不愿意一直待在一个非常庞大的公司直到退休，而是希望朝自己感兴趣的方向发展，实现自己的愿望。这是职场新人在这个时代所具有的一个特点。

所以对于那些频繁跳槽的人，并不会让人非常怀疑他们的能力，反而那些工作了 10 年、20 年一直没换过工作的人，会让人非常怀疑他们自身的能力。这些人会让人产生一个疑问：为什么他会在一个企业待那么久？为什么现在又要换工作？现在他们对这个社会的理解是什么？

总结起来，让人怀疑的地方最主要有以下 3 点：

第一，让人怀疑他们的学习能力。

在过去的十几年里面，你究竟学了些什么？虽说有十多年工作经验，但是在这十几年中只是单纯地把一份工作做了十多年，还是在十多年的时间里又不断去学习进步。这两种情况是截然不同的，有可能那十多年的工作经验，只相当于一个年轻小伙子在同一个公司做了两三年所获取的经验。

第二，在同一个公司待这么久是对这个公司忠诚吗？

或许是，或许不是，难以得知。为什么会让人觉得不是？因为一直待在一个公司也许是因为找不到更好的工作，以谋求更高的职位，得到不错的薪酬待遇。但对于个人而言，自身却不一定具有较好的竞争优势。

第三，对行业、对外界趋势是不是足够敏感。

因为一直待在一个企业里面，那么他获取的信息，主要以内部信息为主，在同一个职能部门、岗位待了非常长时间，已经到了很熟悉工作流程的程度，但是对于其他公司的操作流程、其他公司所具有的优势，这样的员工并不十分了解。

所以对于一个在企业待了十几年的、极度忠诚的老员工应聘新职位，反而会让人持怀疑态度，心中的顾虑也会更大。

而面对那些频繁跳槽的人，反而会让人持更加开放和友善的态度，因为这就是我们这个时代的特点。所以跳槽不一定是一个坏事情，现在对频繁跳槽的人的包容度也越来越大。一直不跳槽的人，等到要换工作的时候，面临的压力也会越来越大，挑战会越来越多。

当然我并不是要鼓励大家去跳槽，但实际上我们每一个人都应该不断地去思考：即使不跳槽，在同一个公司中，自身的社会价值是否在持续提升？自我的竞争优势是维持在原有的水平，还是有所改善和提高？

当我们所思考的都还在不断地和自己的想法、职业生涯配套前进，那么无论是在 A 公司还是在 B 公司，本质上都无关紧要。

02 什么样的应届生值得招?

前段时间，从 MBA 毕业十几年的同学来到公司一起聊天，大家身处各行各业，也都是行业或者公司里面的领头人物，于是彼此便探讨了关于人力资源方面的一些问题。随着话题的深入以及拓展，便谈到了如今的 90 后。大家纷纷感慨道：“公司每年招这么多大学生，基本上都是 90 后，家里的经济条件好，所以不爱吃苦又不想劳动，动不动总是爱耍点小脾气，他们和我们那一代的年轻人很不一样。”

在我看来，他们和 70 年代的我们又好像没有什么区别。70 年代的我们，其实在读书的时候乃至一直到现在，在父辈眼中仿佛是一群怪物，他们不清楚我们所从事的工作，也不明白他们的孩子以及孩子的公司是如何挣钱的。我们所生活的这个时代在不断变化，所以上一代很难理解我们的行为。同样地，我们这一代也会难以理解下一代所做的事情，因为他们所成长的环境以及所接触的信息，与旧时代相比已经发生了很大的变化。

如今的年轻人接触的信息很多，所以他们有更多的主见和选择。事实上，曾经年轻的我们也追星，听的是张国荣、谭咏麟的歌，但现在的年轻人听的歌曲却又截然不同，比如说 Lady Gaga 的。

我们每个人身上都会有时代的烙印和特点，其实很难用上一代人的价值观、思维方式以及兴趣爱好去判断当代年轻人。从宏观来看，其实一代人和另一代人在本质上并没有太大的区别，但是随着科技的进步、知识的更新、物质生活的丰富，每个人的兴趣爱好可以得到更自主、更自由的选择和发挥。

那么对企业来说，在校招到来之际，又该怎么样去选应届生？从本质上看，如今的大学生与十几年前的相比并没有太大区别。他们都很敬业，也很负责任，同时也爱学习、爱思考，而且他们有自己独立的主张和见解，能够为公司提出很多建议和想法。所以，对于公司来说，无论处于一个什么样的时代，都要根据组织的业务特点去选择相匹配的人。

当然现在很多大学在扩招，就 2016 年来说，大学毕业生已接近 800 万，那么在这种情况下怎么能够挑到符合公司要求的人尤为重要。对于挑选应届生或者是社会招聘人员，可以遵循以下 3 个方面的建议。

第一，考察兴趣爱好。

很多人之所以最终能够在某一个行业或者某一个领域做出好成绩，是因为他们能将兴趣爱好与工作本身结合在一起。当然现在很多应届生对此的认知是模糊的，他们并不清楚究竟自己的兴趣爱好和什么东西能够长久地结合在一起。所以在学校中存在这样的一类人：也就是所谓的“面霸”。

他们不挑岗位，什么企业的宣讲会都去听，不会轻易放过任何面试机会。一个方面，他们把这些工作经历作为一个历练；另一个方面，他们会认为自己的手中多了很多的选择机会，可以让自己慢慢挑。当然这现象也有好的影响，即这些面霸的选择会越来越有针对性，特别是受过职业兴趣辅导的人，对他们自己来讲，大概有一个清楚的方向，在进一步的实践中会对自己的职业发展有更清楚的认识。

但无论如何，企业在校园招聘时要询问他们投过简历的公司，从而探究并判断那些公司岗位之间的关联，判断他们是把本公司当备胎，还是将其当成发展自身的机会。有些准备充分的同学，对公司的情况、相关岗位做过研究，当他们能够思考自己所学的东西和岗位之间的联系时，便可看出他对自己的兴趣与工作结合方面也有很好的认知。

第二，主动性。

主动性是性格里非常重要的一个因素，是一个人将来能走多远的一个重要的衡量标准。

具有主动性的人，总能很好地发现并抓住机会。这种人在组织里的成长速度会很快，所以公司不用花很多时间教他，只要为他寻找一个好的导师就可以了。如果一个人的学习生涯长期处于被动状态，长久地就会养成被动的习惯，虽然他们也能在社会中找到工作，但也只是成为劳动力、生产力的一部分，他们成为组织精英的概率会比较低。

第三，思考能力。

具备独立思考能力的人，从现有的知识框架来看，他们的想法也许是错的，但他能具备这样的能力，也是一个优秀的人，对促进公司的发展也很有潜力。该如何判断应聘的学生是否具有思考能力呢？可以在面试的时候询问同学一些引发他进行自我思考的问题，例如：

1. 经历了这个招聘之后，或者听完公司的相关介绍以后，你有没有什么问题？

2. 你对我们业务的开展，有什么想法？

3. 如果让你去拓展我们的业务，在校园市场，就是你这个学校，你会怎么拓展？会从哪里着手？为什么？

4. 可能的目标客户是什么？

问这些问题，我们要考察的是学生的思考能力，通过场景和整个公司的业务之间产生某种关联，来询问应聘者，从而测试他们对相关事情的思考能力。独立的思考能力是在招聘中考察一个应届生非常重要的一点。有时候，一个学生的成绩单，所获奖学金数目的高低等方面并不是最重要的因素，最关键的是他们遇到问题时是否会解决，能否独立解决。因为在组织中，每天面临的问题都处在变化和不确定之中，所以没有一本教科书可以详细具体地指导我们面对问题时该如何去做，那么这种独立的思考能力，是他们加入组织以后在未来可以贡献和成长的主要驱动因素。

如何招应届大学毕业生，是每个组织都会面临的问题。企业不必去在乎他们的年龄，关键是要看他们能否将兴趣和公司的要求相匹配；是否具备主动性——即主动地去发现并解决问题的能力；是否具有思考问题的能力。这些才是在招聘时更需要筛选判断的因素，而其他的则是在他们上班以后，组织与其进行相互磨合的事情。选择了合适的员工，那么磨合的时间会短很多，否则只是在浪费公司的资源，同时也是浪费员工个人的时间。

03 企业只要 70 分的人才

大名鼎鼎的松下公司创始人松下幸之助曾经说过："松下公司只招 70 分水平的人，而不招那些 90 分的优秀人才。"

为什么？因为他觉得一个太优秀的员工是不太好管的，另外，像松下这样的公司，它更注重的是团队合作，那么这种不太好管的员工进入公司以后，不一定会成为组织发展和成长的动力，反而可能会成为一个障碍。

所以对松下公司而言，它不需要刻意去招聘那些在市场上看上去最优秀的人。我国某些企业也经常有这种情况，其实合适的就是最好的，不一定非要找顶尖人才。

比如说美的集团，它就凭借二流人才，在三流城市创造了一流的绩效，可以想象美的从 90 年代中期在顺德开始崛起，它是难以招到最优秀的人才的，但是如今它的确取得了非常好的绩效。

所以一个公司要注意避免在人员招聘选择上的高消费，也就是企业要考虑在招人的时候究竟怎样的人才是合适的。

当然，每个公司的领导人对于"合适"的定义会有所不同，而在人才管理实践当中，员工与岗位之间的匹配，有一个模型叫“4C人岗匹配模型”，即判断一个人和岗位或者和一个公司是否匹配，可以从两个维度4个方面去分析。

从两个维度来划分，可以分为横向和纵向。横向是岗位和人，纵向是显性和隐性。和人相关的显性因素是任职资格，即condition，也就是年龄、学历等显性的信息，这些是需要与岗位匹配的硬件要求；和人相关的隐性因素是能力要求，即competence，比如岗位要求的领导力、价值观、沟通执行等能力；和岗位相关的显性因素是薪酬要求，即compensation；和岗位相关的隐性因素是企业文化，即culture，不同的公司所具有的文化氛围不尽相同，甚至是截然不同的，比如有明显差异的房地产企业和互联网公司，又如国有企业和民营企业、外资企业差异甚大的文化风格。

如果一个人的硬件条件、薪酬范围都符合公司要求，但是却难以接受公司所具有的文化氛围，难以和周围的人打成一片，那么这样的员工最后也只能是以离职收场，很难和公司形成协同，所以对员工和岗位要进行匹配。而“4C人岗匹配模型”是倍智一直强调的一个基准，那么企业也可以通过4C人岗匹配，无论是优秀的还是一般的人才，都能够把人和组织岗位更好地配合起来。

那么如何将“4C人岗匹配模型”落实到位？

从“4C 人岗匹配模型”来看，企业没有必要刻意去招聘那些最优秀的人，而条件最好的人一定要从这“4C”角度去考虑整体的匹配问题。很多企业在做这些匹配的时候，其实会有比较明显的人才标准，从而也可以再把“4C 人岗匹配模型”转化成人才标准模型，这样在具体操作的时候就能更好地落实到位。

在企业人力资源部门的人可能都会明白所谓的“4C”究竟是什么，但是业务线具体岗位上的领导或者员工就可能不太了解，因此企业就需要按照行业、岗位相关情况建立一套人才标准。各行各业的任何一个产品都有产品的标准，而企业中也应该有人才标准。什么样的人才能够在这个组织里长期发展，这是人力资源部门需要思考的问题，从而建立起人才标准，并进行落实与推广，就像做生产管理一样。只有这样，无论招人还是用人时，才可以有章可循，有标准可依。

而要建立标准，一定要有数据，这和做生产质量的控制标准是同样的道理，基于数据，以分出优劣。但如果企业在人才数据方面的积累不足，不够量化，那么便难以进行归纳和总结。因而企业里“4C 人岗匹配模型”要是能够落地实施，就必须有一套行之有效的人才标准，而这个标准应该基于企业的实践，在实践中不断积累数据，从而在数据里面获取信息，并总结提炼企业的人才标准。只有这样，公司才可以不断地去修正它，去改善它，然后才能更好地去执行它。

04 花大价请来的高管来了又走，怎么办？

乐视生态销售平台的总裁张志伟，在一篇新闻采访中曾谈道：高管数目的递增会带来整个管理结构的混乱，特别是乐视正在把摊子越铺越大，它的弊端便是每个人都不是全才，判断也不一定完全准确，那么摆在乐视面前的不仅有企业文化的责任，而且还有“生态化反”的可能性，也许还要加上一个人才问题，就是铁打的贾跃亭与流水的副总裁。贾跃亭也好，其余很多快速发展的企业也罢，肯定不希望他们招来的一些高管、副总裁在公司待个一年半载就如流水般离职而去。但事实确实不尽如人意，因为在上文所提及的新闻采访中，也详细列数了最近一段时间里面进来的和走出去的高管们，当然每个人都是有非常辉煌背景的“牛人”。

这不禁会让人疑惑：这些高管为什么会走？为什么会离开一个他们曾激情澎湃，向往要加入的公司？

通常，一个高管选择加入一家公司，对于普遍理性的他们来说，应该是做了一个理性的选择。而在他选择离开这家公司的时候，其实公司本身所提供给这些高管们的待遇、事业前景等很多条件并没有发生变化，那究竟是什么让他们选择要离开？

从离开的高管人员的一些背景和离开的原因分析可知，离开的高管人群主要可分为3种：

第一种是被“干掉”的，也就是被辞退的。

那为什么叫被“干掉”的？因为这些人通常是猎头公司挖来的，有非常好的包装，经过一两个小时的面试或者短期的考察，并不能完全看出这个人的能力，而在他们加入这个公司几个月或者一年后，会发现他们不能胜任工作，或者没有达到预期的目标，然后就会被“干掉”了，这一类人是属于被动离开。现实生活中这种情况也有很多，不仅仅是乐视，其他的很多企业也会这样，很多人只看到职位的薪酬很高，却没有衡量自己是否具备胜任高薪岗位的能力。职位越高，所要求具备的能力也越高。天上不会掉馅饼，所以对于高管人员或者我们所有人而言，在选岗位的时候需要清楚地知道，一个职位并不是薪酬越多越好，而是要去平衡和评估自己和这个岗位能力要求的匹配状况。

第二种是被“挤走”的。

何谓被挤走？也就好比你到了某公司做了副总裁，接着你上面又空降了一个总裁，以前你是直接向老板汇报，如今却变成要向另外一个人去汇报以往要向老板直接汇报的内容。其实变相来说，也有可能是领导觉得你还不能完全胜任，但是觉得还能任用在其他岗位上，所以再找一个人来管你。虽然你自身具有不错的能力，但是在认清事情本质或者有新的机会出现后，会觉得还待在这家公司会让自己心情不悦，于是便会选择离开，这便是被挤走的情况。

第三种为“熬走”的。

也就是一个人到了一个组织后发现这个职位倒是挺不错的，但是要实现自己的想法、愿景还有很多条件不具备，资源不齐全，因而难度太大。对于一个有崇高追求的人来说，一直待在这样一家公司是痛苦的、煎熬的。所以，很多时候，他们会选择主动辞职。这样对于公司来说也甚是可惜，只能说二者相遇的时机不对，公司的状况并没有到达一个真正的爆发点，即使招来了一个非常有能力的人，在这种情况下，双方的配合也难以将各自的优势发挥到最大化，来实现共赢。

作为一个企业管理者，花高薪大费周章地请了那么多高管，当然是不希望他们只干一年甚至几个月就离职而去，那么怎么能够让他们长期稳定地待在一个组织里，相信这也是很多企业共同面临的急需解决的问题。

要解决这个问题，企业就要格外注重对高管这些空降兵的管理。倘若管理者对于这些高管只有前期的热情，三顾茅庐地把人给请来了，后期却不管不顾，这是不对的。很多高管从一个土壤转移到另外一个土壤，本身需要一个适应环境的过程，无论是在如何扁平、透明的组织，都会有这样的一个过程。

所以对于这些空降兵落地的前100天，整个公司应该有组织、有目的地制定一些制度，从而让他们能够适应在这个组织中的新生活。

比如万科就曾有一个“007计划”，也就是在2007年万科有针对性地向世界500强的一些公司挖一些顶级的高管过来，这些人来了以后，是需要公司帮助他们去熟悉环境、适应新生活的，那么万科当时是怎么做的呢？

万科对找来的每一个高管有两个重要的举措：第一是给他们配导师，以协助他们熟悉新环境；第二就是一开始没有直接将他们安排到正职的位置上，比如说CEO、总裁等，而是将他们安排到副手的位置上，例如常务、副总等。因为将他们摆在这个位置上，可以让他们有一个缓冲期，从而不至于有过大的矛盾。然后当他们在这个组织里面待了6个月或者一年以后再去调整岗位，这些高管在这个组织里面“定”下来的概率就会高很多。

所以对于一些快速扩张的企业来说，在非常需要人才时，虽然已经花了很大的精力去找人，但寻找到高管这些空降人才的时候，企业一定要建立一些配套的机制，确保他们能够在组织里面顺利“落地生根”，这些人才有可能长期稳定地为企业效力，帮助企业持续发展！

05 其他学校与 985、211 的学生的差距在哪里?

很多企业每年都会做校园招聘，花很大力气去各种学校驻场办宣讲会，特别喜欢去 985、211 的名牌大学招聘。

2016 年倍智人才研究院和测聘网一起调研了 1216 家企业，对 2015 年参加校园招聘的企业做了一个研究，了解他们最看重的能力项，以及应届生的符合程度，尤其调研了 985、211 的学生和非 985、211 的学生，在这些能力项中存在哪些差异。

本次调研的对象覆盖了 10 个行业，包括互联网、电子通信、房地产、消费品、金融、制造、专业服务、酒店、医疗、人员化工等。我们向企业抛出如下问题：

在招聘过程中，你们最看重应届生的哪些能力？并给出 67 个能力项让他们进行选择。

企业根据自身业务的发展需求，以及他们在招聘过程中考察的重点，最后归纳出了 12 项重要的能力，这 12 项能力可以分为两大类：

第一类，人际互动相关能力，包括善于社交、服务意识、说服影响、冲突管理、正直可靠等等。

第二类，任务执行相关能力，包括以行动为导向、商业敏感度、分析能力、创新意识、制订计划、成就导向、处理压力挫折。

根据调研结果，我们得出以下4项重要结论：

关键发现一：无论是名校还是非名校的应届生，整体能力均未达到企业要求。

我们调研了各大企业的HR，他们所招聘的应届生的能力是否达到企业要求？

调研结果发现，几乎所有的能力项，我们的同学们离企业的要求还有一定的差距。差距最小的是商业敏感度，也就是说我们的应届生对业务的理解，以及在获取和处理商业信息的能力方面，他们的思路、想法和企业的需求是比较一致的。

差距比较大的有3项能力，是企业招聘过程中特别不满意的，这3项能力分别是：

以行动为导向：做出决定，解决问题的能力。大部分同学善于分析问题，但实际去解决事情的能力会显得比较弱。

正直可靠：认真负责处理问题的能力。企业认为应届生在“是否靠谱，是否能把事情搞定，是否可以信得过”上并不太令人满意。

创新意识：提出一些相对新颖独特想法的能力。应届生的创新意识并没有达到企业的要求，这和我们的预期是不太一样的。

关键发现二：在 12 项重要能力中，企业最关注的能力排名前三位的分别是以行动为导向、正直可靠、创新意识。

企业希望任何一个职场新人，是可以解决问题的、靠谱的、有新的想法的，而这 3 项能力在名校和非名校的应届生中差距并不太明显。

这说明无论企业招到的是一流大学的学生，还是普通大学的学生，感觉都不太好用，因为企业最期望的是这 3 项能力。两类学生在教育背景和教育环境上的差距并不大，所以企业需要反思在招聘过程中是否存在“高消费”的现象：你不需要这样的人，即使你招了这些名牌学校的学生，但其实他们并不会比其他学校的毕业生表现得更好。

关键发现三：985、211 的名校毕业生，更善于在任务执行上落地，而在人际互动上的差距并不明显。

从整体上来看，毕业生们在人际交往相关能力上的差异不太明显，而在任务类相关的能力上差距较为明显。这反映出 985、211 的学生动手能力较强，在执行任务、把事情落地上的能力比非 985、211 的学生表现得更优秀。

所以，如果我们企业要招聘的岗位，更多地需要去攻坚某项任务，去学习和挑战一个新东西，那么名校应届生的能力会更强。如果我们的工作或者岗位和人际互动更相关，像销售类、服务类、沟通类等职位，那么他们的差距会比较小。

关键发现四：985、211 的学生在分析能力和商业敏感度上完胜普通院校的学生。

这是 985、211 的学生很突出的优势，这两项能力都是直接和公司的业务相关的。涉及言语推理、数字推理、逻辑推理等和分析相关的认知能力，985、211 的同学优势更为明显。

我们在招聘不同岗位、不同人才时，要和不同的能力相结合。当然，我们也不能一言以蔽之，这是基于大数据的调研结果，也要结合实际个体的差异。从整体上来说，985、211 的学生在某些能力项上是胜出的，在其他能力项中与普通院校学生接近。

英雄不问出处，不管他是否是名校毕业生，这一点已经没那么重要了。我们企业在校园招聘过程中，需要对岗位进行充分地了解，慎重选拔人才，将人才与岗位进行完美匹配才是最为重要的。

06 如何快速提高招聘效率?

招聘对于大部分人来说都不算陌生，我们多多少少都经历过或是参与过，要么招过人，要么被人招过。

记得第一次参加招聘会，是 1995 年我大学毕业参加宝洁的校园招聘会的时候。那个时候场面非常壮观，学校 1000 多人的大礼堂里座无虚席，1000 多名应聘者，经过笔试——初面——二面——三面——集体面试——广州总部面试，最后有 9 个人脱颖而出，顺利拿到 offer，我也很幸运地开始了在宝洁的工作。

后来进入到咨询行业，陆陆续续接触到很多企业。围绕人才测评做人岗匹配，并服务了大量的企业，去研究他们的人才策略。我们发现，对于人才的招聘也好，培养也好，效率都是非常低的，为什么呢?

在这里，我想解释一下我对招聘的理解。我们企业许多时候做的是招募的工作，而非招聘。招聘在英文里叫 staffing，而 staffing=recruitment+selection，也就是说，招聘 = 招募 + 筛选。招募必须跟筛选密切结合在一起，整个招聘才是完整的。不管你是去学校做宣讲会，还是在我们的招聘平台上发布职位、收取简历信息，或者找猎头公司招人，它本质上都是在做招募工作，也就是信息的收集工作。

随着我们工作和生活的逐渐互联网化，我们招募的方式开始变得越来越多，效率好像也越来越高，但还是会有许多企业说："我已经用尽了各种渠道和手段，可我还是招不到人，为什么？"或者说："我们在各大招聘平台上收到了大量的简历，但是真正看中的人却不多，招聘效率是非常低的。"

我们有很多招聘专员的主要工作就是看简历、打电话、约面试。那么，怎样的措施能够有效帮助我们提高招聘整体的效率呢？

第一，让应聘者在招聘上花时间。

我们要非常清楚招聘不只是企业单方面的工作，必须要让应聘者花时间在上面。只有让应聘者花时间，这样才能让招聘的效率整体提高。

现在在网站上投简历、找工作，应聘者花费的成本是非常低的，只需要轻轻勾选，批量群发简历即可，后续就是等着 HR 们的电话通知。这种快捷的方式，也导致很多应聘者会选择海投简历，到头来都不知道自己投了哪家企业。当负责招聘的 HR 打电话邀请面试时，应聘者还不知道是哪家单位，最后很可能导致这次面试以失败告终。因为应聘者与企业没有产生任何关联，也没有什么感觉。那么，怎样才能让应聘者对企业产生"感觉"呢？怎样能够第一时间增加他们对企业的好感，从而提升整体招聘效率呢？

人才测评是个非常好的方式。当他投递完简历，系统会自动给他发出一个测评账号，让他花时间去完成。我们曾经做过这样一个统计：如果一个候选人在应聘一个公司的岗位前完成了测评，不管这个测评花了多长时间、难度有多高，只要他花了时间，那么成功邀约他来面试的概率会提高 90% 以上；另一方面，我们发现如果这个人在应聘的过程中做了测评，那么当你给他发 offer 的时候，他接受 offer 的概率也会提高 90%。

人才测评作为一个前置工作，让候选人花时间在上面，让候选人对应聘这件事上心，这对于企业来讲是非常重要的。很多企业搞不懂为什么要做测评，做测评不是浪费时间吗？其实测评这个动作本身，就能提高招聘的有效性。只有当企业足够重视应聘者，优化整个招聘体验，才能给他们留下深刻印象，产生很强的关联。

第二，统一岗位的标准和要求。

我们经常看到一些招聘专员或者招聘经理，他们对于一个岗位的理解是不太一样的。由于负责招聘的岗位众多，HR 们没有太多的时间去思考符合这个岗位的人员的特点是什么，要的员工画像是怎样的。

我们在给企业解决招聘问题时，通常会首先让企业（不管是 HR 还是业务部门）对这个岗位，特别是一些典型的岗位，画出他的人才画像。只有全面了解了这个岗位的人才画像，才能有效提高我们人岗匹配的效率，这也是我们常说的“按图索骥”。如果你自己都画得不清楚，就更加不知道该如何去招人。

借助我们的人才画像，能够很清楚我们需要怎样的人。不管是业务线，还是我们人力资源部门，都会非常清楚我们招聘的方向、搜寻的方向、面试的方向，以及对候选人后续的考察方向，这样下来我们的招聘效率才可能会提高。而这个画像生成的过程，也是我们筛选工作的重要基础。因为没有这个标准，我们不知道该如何进行筛选。

第三，让试用期前置。

我们要在招聘流程中，设计诸多障碍，让候选人能够模拟或者体会到，加入企业后他可能会面临的真实状况。我不太赞同一些公司在校园宣讲会上向学生们反复强调自己公司是多么好，因为在现实生活中，没有一家公司是只提供高薪酬、高福利、高待遇和好的环境，而对员工没有任何要求。但在我们的宣讲会上，大部分的公司只讲优点不讲问题，带来的结果就是：雷声大，雨点小。搞得好像很热闹，报名的人很多，但最后接 offer 的人可能微乎其微，或者接了 offer 去上班，还没过试用期又跑了一大批。这就是现实。

那么该怎样让试用期前置呢？

首先，在前期的招聘过程中，要把公司的客观情况讲清楚。我经常在校园宣讲的时候跟大家讲，我们就是要求每周工作 70 个小时，你如果准备好了 70 个小时，到我们公司来。因为我们是一个创业型的公司，70 个小时里面有 40 个小时是本职工作，30 个小时需要不断学习，如果你不学习就会跟不上时代的步伐。

其次，我们还要求，应届生毕业前必须要到企业来实习 3 个月，全职的。要让他在自己工作的岗位身临其境地去体验，这样他才有可能在毕业的时候选择长久地待在公司。

对于社会招聘来说，在面试过程中要讲清楚公司的整体情况，特别是你决定给他发 offer 的时候，最好这个岗位的经理能就公司的问题再与应聘者做一次深入的沟通。我自己在社招的时候也招过一些人，当已经给他发了 offer 之后，他尚未进入公司前，我会邀请他每周到公司来参加一下会议，和他未来的团队提前做一些接触。只有这样，他在进入这家公司的时候才不会感觉完全陌生，并且可以快速上手，而这也是双方进行磨合和筛选的过程。

筛选是无处不在的，从一开始接触，到最后能够真正成为高绩效员工，这都是筛选的过程。所以招聘的工作，不光是发一个广告，发一个职位，约见候选人；这里面有非常多的技术含量，它包含了我们对人、对岗位的深刻认识。只有这样，我们整体招聘的效率才有可能提高。

07 为什么 90、95 后应届生的流失率那么高?

企业每年都会招聘大量的应届毕业生，但是应届生每年的流失率同样是非常高的。90、95 后作为时代的主力军，开始逐步走向社会，承担更多责任。这对我们企业和管理者来说，同样是一种挑战。

今年我们做了一项关于应届生的调查研究，调研对象为 1160 多家企业，并将研究成果整理成《倍智人才研究院 2016 年度应届生能力画像白皮书》。其中一个章节专门对应届生的流失率进行分析。调研数据覆盖了 10 大行业，主要针对 2015 年入职到 2016 年刚好满一年的企业员工。

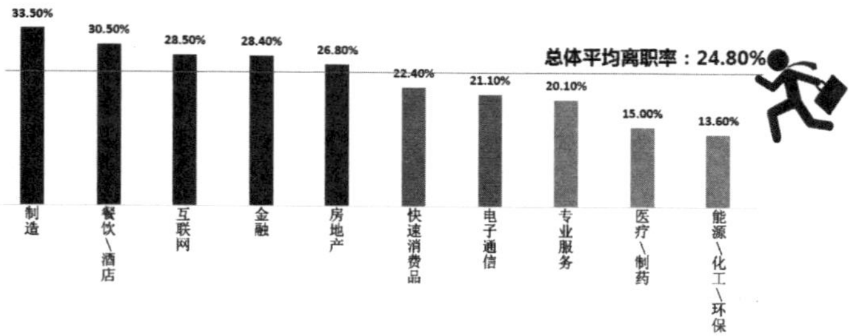

▲ 图 1：各行业应届生一年内的离职率

那么，这一批校招生的离职率是多少呢？看到这个数据我感到非常吃惊。通常我们社会整体的年流失率在 18% 左右，而应届生入职第一年的离职率高达 24.8%，高出了平均值 6.8%。也就是说平均每 4 个应届生就有 1 个在工作一年后选择跳槽。

而在 24.8% 的离职人员里，行业分布是不均匀的。其中离职率最高的是制造业（33.5%），其次是餐饮 / 酒店业（30.5%）、互联网（28.5%）、金融（28.4%）、房地产（26.8%）紧跟其后，均高出应届生平均年离职率，可见离职的程度令人震惊。而相对较低的行业为医疗 / 制药以及能源 / 化工 / 环保，人员流失率大概在 15% 左右。这是对在 2015 年毕业的同学调研的真实状况。

与此同时，我们也调研了全国近 3 万名的 2016 届毕业生。调查结果同样令我们出乎意料：如果你愿意继续留在一家企业工作，你会待多长时间？

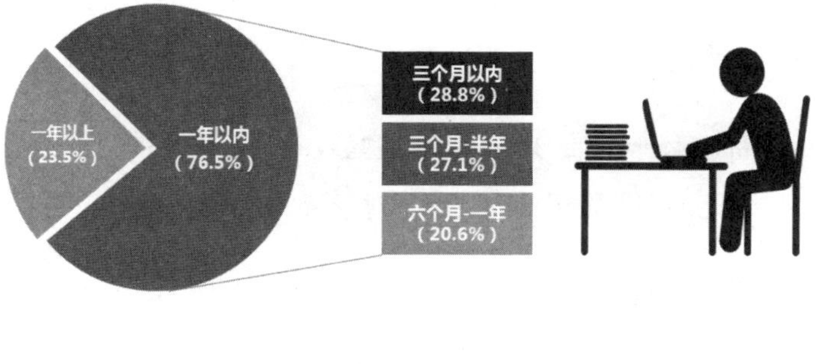

▲ 图 2：应届生有意愿留在企业工作的期限

只有 23.5% 的学生会选择在企业待一年以上，超过四分之三的学生都不愿意待超过一年。3 个月以内离职的高达 28.8%，这是非常令人震惊的，更令我们 70 后很难理解。

一家企业大半的员工都想待上一段时间就走，并没有很强的驱动力和意愿与这个组织长期战斗和生活在一起，这也许是我们现在面临的一个客观现实。

我们的应届生同学们怎么了？ 70、80 后的管理者该如何与 90、95 后的员工进行相处，让他们在这个企业能够待得更久？是什么因素让他们选择离开这个公司，而且如此急迫地想离开？

从我们的最新研究发现，应届生流失的原因可以从内外两个方面来分析。

外部拉力包括：新公司、新岗位、好机遇、高薪酬。也有很多同学，刚刚工作没多久，就被几个小伙伴拉去创业，这也是外部一个很大的拉力。

内部也有一个推力，推动着这些人离开。包括：内部的人际关系、迷茫的职业发展方向、组织对于新人的接纳程度。

我曾经去过一家全国知名的房地产企业，他们在校招花费很多钱，也招聘很多人，平均单个招聘成本高达 1.2 万到 1.3 万。上个月碰到他们的招聘负责人，他说他们去年招的 30 几个应届毕业生，已经全部离职了，没有一个留下来的。为什么？因为在这个组织里面，新人到了这家公司以后，虽然这些毕业生都很优秀、能力很强，但是他们在公司里干的事都是打杂的，老人也不怎么带他们，他们自己也找不到一个方向，所以这也是内部的一个推力。

内外两股作用力让应届生选择很快地离职，不管当初宣讲会时听得多么热血沸腾，最后他们还是选择离开了。所以我们怎样能够让我们花了这么多钱招到的同学，能够在组织里面留得更久一些？我们需要非常清楚，究竟是什么因素影响他们选择离开还是留下？

在此基础之上，我们又对应届生的驱动力进行了深入研究：什么让他们在组织里面能够待得更长久。另外我们也调研了这群90、95后们的管理者，他们认为什么因素能够激励他们的下属。然后我们把这两种激励因素做了一个排序。

排名	管理者排序	2016届应届生排序
1	多样性	积极性
2	薪酬福利	成长机会
3	成长机会	获得认同
4	工作氛围	灵活性
5	获得认同	面对客户

▲ 图 3：企业管理者在激励因素的认知与应届生存在较大差距

这个排序的发现非常有趣，我们发现管理者认为对员工重要的事情，在员工眼里却不那么重要。

管理者认为对员工影响最重要的因素分别是：多样性、薪酬福利、成长机会、工作氛围、获得认同；应届生的排序是：积极性、成长机会、获得认同、灵活性、面对客户。

可见，企业管理者不懂 90、95 后的价值观，是应届生离职率居高不下的关键因素之一。

作为企业，我们应该建立一个怎样的土壤，才能够和这些 90、95 后的种子匹配在一起？我们在前期花了大量的人力、物力、财力，后期又花费时间和精力去培养他们，而最后他们选择不辞而别，弄得双方都不太愉快。所以，90、95 后员工的管理是我们管理者目前面临的一个重要的问题。

08 留住员工不光只靠小福利

在帮企业做咨询服务的过程中，我们发现：有些高管觉得自己平时对员工管得较严，致使大家的工作压力较大，所以为了帮助大家放松身心，便开展了一些福利活动，比如开设一些打羽毛球、乒乓球这类运动的俱乐部，或者在过年过节的时候给员工发一些电影票、购物券等等。但是，在年底调查时却发现，员工对管理方面的抱怨不减反增。在这些福利项目中，公司不仅花了钱也消耗了精力，但员工为什么仍不买账，这让公司的高管们十分疑惑。

在人力资源中有一个重要的理论，叫双因素理论，它包括激励因素和保障因素。

所谓的双因素是针对员工做事情的时候，对于事情的投入程度的满意和不满意两种状态而言，激励因素能够让员工更满意，让他在激励中更能发挥自己的主观能动性，如果企业有着较好的激励因素，那么员工会更敬业，他的满意程度也会更高。

而对于处在及格线以上，满意程度一般的员工，如果没有较好的保障因素，那么员工便会不满意；即使有超一流的保障因素，员工只是没有了不满意的态度，本质上并没有什么区别。在人力资源中，福利项目便属于典型的保障因素，也就是即使企业把福利项目做得再好，虽然员工不满意的态度呈现下降趋势，但是这样并不能让员工满意和敬业。

现在很多企业会花费大量精力在福利项目上，比如给员工提供下午茶、举办运动会、开办家庭日，甚至把按摩师请到公司来，从而极大地提高员工的满意度。

当然这些措施可以在短期内提高员工的满意度，因为在一定程度上它会让员工有一种自豪感、愉悦感，进而变成对公司的一种信任感，但是这对个体的成长以及个体能力的不断提升并没有多大作用。真正对一个人产生激励的因素，是对他的成就的尊重。所以有时候可以看到，有些组织虽然条件很艰苦，但是员工很团结，去这样的公司便会让人感觉到一种热火朝天的气息；公司里面并没有免费提供的哈根达斯，但是大家的战斗力却非常旺盛。这是为什么？

因为企业中的每个人都得到了充分的尊重，每个人在这里面找到了实现自我价值的位置与方向。所以组织在考虑花费成本的时候，首要考虑的是把成本花费在激励因素上，还是保障因素上。如果是在保障因素上，所需花费的时间与精力应该适当，但如果是花在驱动员工的激励因素上，那么整个组织就要不遗余力地去实现。

很多激励因素，在大部分情况下和钱没有较直接的关系，因而大部分组织应该把重心转移到激励因素上，当然也要在有适当的保障因素的前提下，让员工有基本的安全感。为什么呢?

第一，企业所考虑的把福利项目作为保障因素的作用，是非常有限的。第二，对于处在公司一线不断打拼的员工来说，他们是没有时间享受这么多福利的，无论是程序员、销售员，还是产品经理等管理层人员，他们天天要工作，甚至时常要加班，怎会有时间享受这些福利？虽说劳逸结合是必要的，但他们并没有时间去享受这些福利，而公司也不太可能针对他们的空闲时间来组织活动，因而真正享受这些福利项目的，反而是那些在后台部门，工作时间非常有规律的员工，而这样给员工所带来的是一种不公平感。

所以在设计福利项目的时候，需要充分考虑组织中人群的差异性，以及他们工作的不确定性，并要考虑那些给公司不断创造价值的关键人才是否享受了福利。比如对于他们的健康，可以在公司里面储备一些常用的药品；其次，为了优化员工的工作环境，可以考虑净化空气；另外，有些员工可能很少去打球，但是企业可以为他们组织一些户外的团建活动等。

当然每个企业的优先级不太一样，所以他们所考虑的因素会不同。企业可每年对员工进行敬业度调查，根据调查结果所得出的驱动因素，从而拟定自己企业的模型。敬业度调查，本质上是为了调查种子和土壤之间的匹配关系，从而探究是什么因素驱动员工留在这个公司，来持续地贡献自己的力量和创造价值。

因而不同的企业会根据不同的驱动因素来制定福利政策，需要从整体人群来看，不能完全考虑个体的需求。因为企业最终的目的还是希望员工敬业，员工的价值能够和工资的价值诉求完全匹配。

曾有一个特殊案例：一个 90 后的员工因为公司没有停车位而选择辞职，如果这家公司为了留住员工而给每个人安排一个停车位，从公司整体的策略上来看，这是不现实的。

但如果这个员工是整个公司非常稀缺的技能人才，虽然年纪不大，但是在某个领域里面属于顶尖人才、特殊人才，那就是要特别考虑的情况，对于这一类关键人才的驱动因素就是要保障他的福利。

如果从整个公司层面来说，考虑更多的则是流程机制、土壤问题，也就是这样的员工也许不适合在某一个组织里发展，因为在一些组织里并不特别强调个性、英雄主义。所以每个企业在考虑员工驱动因素的时候，还是要去考虑关键人才的才能是否被完全地激发起来，他们的主观能动性是否被完全调动起来。

09 留住人才到底有多重要

一般春节归来后的 HR 的工作通常围绕着两个主题：一个是拼命地招人，另一个是死防员工的离职。一个在增量，一个是存量。

节后的人员流失是企业通常都会面临的人力资源问题，于是便有很多招聘平台、网站把春招作为一个黄金时机，而且现在地铁上、公交上以及楼宇电视等场所，有很多广告都是鼓励大家跳槽的，所以节后的人才市场是非常动荡以及浮躁的。

很多时候我们可以看到企业中的员工走了一波又一波，离职就像水龙头一样一旦打开便会“哗哗哗”地就往外流，但是招人的速度通常会赶不上流失的速度，所以企业在这一段时间，无论是人力资源部门还是主管领导们都会处于忙碌的状态。

一年之计在于春，要是没有备齐员工，企业人员的去留又不稳定，那么公司要如何正常运行？

对于企业人员的补给问题，首先要看企业的流失率究竟多高或者说多低，才是一个合理的现象。对于一些跨国公司来说，流失率在 15% 就已是一个很高的比例，因为这些公司是比较成熟、规范以及稳定的组织。但是对于初创型的公司，便不能以这样的方式考虑。

因为对于一个初创型或者早期的公司来说，不可能一开始就找到最合适的人员，因为他们不像腾讯、阿里巴巴、华为、万科等大企业具有很强大的雇主品牌，能吸引非常多的业内优秀人员加入，那么来应聘这些初创型公司的可能很多都是二三流人才。当企业前期的筛选等工作做得不到位时，待员工入职后，离职也会频繁发生，而此时的高流失率便属于合理现象了。

俗话说“流水不腐”，一个企业如果没有人员的流动，那么它便如同一潭死水。万物都需要新陈代谢，企业也是如此，也需要不断地去调整以及优化人力结构以符合整个业务发展的要求。

有一些机关机构没有退出机制，所以想要裁减员工便会比较困难。但是很多市场化的组织和机构具有这样的条件，针对组织中不好的部分，可以选择优化或者淘汰，所以在组织里面的流失率也分为两种：一种是主动流失，即企业自己的一种自身行为与选择；另一种是员工自主选择离开。

现在很多企业，特别是一些互联网创业企业也都采用末位淘汰制，就是裁减掉一些多余的和不具有突出价值的部门和相关人员，这便是主动流失。它是企业为了进行净化、调整，从而让整个组织更加健康可持续而采取的一种措施和手法，即使这种流失率过高也不必担心，因为这是业务调整带来的必然结果。那么另一种便是正常员工自主选择离开造成的流失率，当然这也要一分为二地看，也就是整个公司的关键岗位的核心人才的流失，才是企业需要担心和警醒的。

那么对于公司来说关键岗位是什么？一个是三级以上的管理岗位，另一个就是我们每年从校园招聘来的管培生，这些人才是公司持续发展的动力，所以企业要关注并明确衡量这一类人员的流失情况。

流失率高不一定是一件可怕的事情，这取决于流失情况是否是可控的。当然关键岗位、高绩效人员流失给公司带来的影响依旧是巨大的，有相关的统计表明员工流失率的成本相当于他年薪的 213%。

因为招一个人，首先需要花费招聘费用，比如登广告和猎头费等；其次是入职学习的成本，入职前的实习期，若员工几乎没有贡献，那么即使他不能入职，公司也需要支付实习工资；再者，还有培养成本，入职以后一个员工要产生业绩，亦需要一个较长的周期，而在培养期间是需要消耗一定的时间与费用的；最后，员工辞职离开后，在一段时间内很难找到交接工作的人，这便需要更多的时间成本和机会成本。

所以一个优秀的、能胜任工作的员工的离职成本会是其年薪的两倍之多。

所以对公司来说，提前做好准备，防止或者减少关键、核心岗位人员的流失从而减少公司的重大损失，也就尤为重要。

当然，一个企业的流失率是动态变化的，对于早期商业模式还在探索中的企业，在一定的时间段内，较高的流失率是可以理解的。

早期不成熟的企业招聘的人员并非是合适的。因为人才选取的标准是随着业务的发展而逐渐深化的，所以早期企业的高流失率是正常现象。随着企业的进步与发展，其流失率也会相对降低。但是企业在任何时候都要警惕组织中的关键岗位、核心人才的流失情况，只有把这些人稳留在公司中，这个公司才可以厚积薄发、持续发展。

所以在节假日之后，企业 HR 便要通过业务策略，围绕业务测试人才策略来筛选出值得组织重点关注和培养的对象，从而在留住这类人才的方式上提前做好准备，而不是到了员工离职的那一刻才跟他提出留用，这时候员工留用几乎是不可能的。另外，企业还需要不断地清理内部多余的“肥肉”，也就是冗余人员。

每一个公司都会出现人员冗余的现象，当一个企业未能把每一个人的主观能动性发挥到极致，那么它自身便存在需要优化的空间，人均效能和人均产能都有改善和提升的空间，而对于冗余人员便要进行合理筛减。

总而言之，流失率高不是一件非常可怕的事情，可怕的是企业留不住关键人才！

10 如何让团队的效能最大化

在当今这个社会分工更精细需要人们有更多合作的时代，无疑，研究如何让一个团队的效能最大化，比单一研究个体能力的最大化要更有意义。

事实上，除了极少数的顶尖天才所做的少数工作外，绝大部分的人都是需要与他人合作共同完成工作的。如果有人看过《模仿游戏》（*The Imitation Game*）这部电影，我们会发现，即使聪明如艾伦•图灵（计算机科学之父），在帮助盟军破解 Enigma 密码的过程中也离不开队友的帮助和支持。

这项关于聪明团队特点的研究，来自卡内基梅隆大学泰铂商学院、麻省理工学院斯隆管理学院和联合学院心理学的 3 位教授。他们研究的初衷是希望知道，基于时代的特点，团队的聪明程度是否和个体有所差异，而这些差异的根本原因是什么。

教授们的发现很有趣：

1. 平均智商较高的团队在集体智力任务中的得分，并不比平均智商较低的团队高。

2. 成员更外向，或者更愿意为团队做出积极贡献的团队也没有表现得更出色。

最聪明的团队具有以下 3 个特点：

1. 团队成员在小组讨论中的贡献比较均衡，而不是让一两个人主导团队。

2. 聪明团队的成员在一项名为“通过眼神读心”的测试中得分较高，这项测试测量的是仅通过眼神解读复杂情绪状态的能力。

3. 最后一点，女人多的团队表现得比男人多的团队好。多样性（男女人数相当）对团队智慧无关紧要，只要女人多就行。不过，最后这个特点的部分原因是女人总体来说比男人更善于“读心”。

总结而言，聪明团队的典型特点就是充分交流、平等参与、读心能力（所谓读心是指解读面部表情，考虑和理解他人感受和所知所信的能力）强！

那么问题来了，在现实工作中如何组建聪明的团队呢?

首先，要挑选读心能力强的团队成员。读心能力不好落地，但了解他人感受的能力，与我们常说的“情绪智力”或“情商”有异曲同工之处。换言之，我们可以对个体进行“情商”测验。实践表明，情商包含了“了解自己”“理解他人”“控制自己”和“管理关系”4个方面的因素。其中，“了解自己”和“理解他人”是前提。

其次，要构建好团队，还需要把团队和人的特点结合起来。这就要求团队leader（领导者）要充分了解工作的特点和团队成员本身的特点，并找到其中的匹配关系。Facet5的创始人诺曼博士关于工作和个性的研究表明，一项任务包含了闭环的4个周期，这4个周期与大五人格维度中的4个主要维度高度相关。

大五人格主要包含：意志力、控制力、宜人性、外向性和情绪性 5 个维度。其中，宜人性强调的是更多关注他人感受，促使团队成员在工作中形成更多好的想法；控制力关注纪律和规则，强调对于方案本身的评估和风险的控制；意志力强调目标，要求面向结果快速做出决策；外向性是行动派最大的优势，强调落实执行。

根据团队成员的特点安排团队任务与分工，让不同特点的人所扮演的角色能够有效地与其个性所指向的擅长领域结合起来，不仅有助于个人能力的最大化发挥，更有助于团队任务更高效、有序地完成；反过来，如果能够在团队组建的过程中结合任务的特点，有意识地在团队中配置相当差异化的成员，让团队任务的 4 个阶段都可以各取所长，则将大大有利于团队效能的发挥。

11 初创企业不可能一开始就招到完美的团队

很多朋友经常会诉苦说：人才供应链体系建设对于他们这些小企业来说好像很难，因为他们既没钱，又没资源和品牌，甚至还处在生存的边缘。要招一些人才，又难以通过现金、资源等方面来吸引他们，所以就只能给他一些实现愿景的权利，让他们带领团队，但这些人好像也留不长，甚至留不住，这又该怎么办?

其实在人才供应链管理中，关于人的给付或者激励的问题涉及较少，因为其中谈的更多的是体系和基本的建设问题，但是对于一些小企业而言，又必须要解决竞争力、激励的水平、相关回报等一些基础问题。

对于初创型公司或者是成长型公司来说，一个基本的假设就是，企业不可能一开始就招到非常优秀、合适的人。

所以很多时候，无论是创业者或者领导，还是初创的事业单元业务部门，甚至是一些大公司都会遇到这种情况，在新建一条业务线、一个新的部门的时候，不可能一开始就招到非常完美的团队。一个新的业务单元、公司或者组织，会面临很多不确定因素，各方面还不成熟，同时体系也不健全，因此一个成熟的、非常优秀的人才，就不大可能放弃原有的工作与事业而去加入一个各方面都不太优秀的团队。而且每个公司都会极力留住他们的人才，因而这些人才也不会轻易在网上投简历，所以很难从招聘网站等平台上招来一些优秀的人才。招来的大多数只是在行业领域平均水平之内的人，甚至比平均水平低的人。即使有个别优秀的人才，但仍是属于搜寻范围之内的一个未知的情况，而不是在现存组织里面绩效最好、最优、最被公司器重的那一群人。

所以在这个基本假设下，管理者对于企业的人才管理，便要去考虑人的配置、组合问题，那么要如何考虑人的组合问题？有以下 3 个重要的观点。

第一，优秀的人才是免费的。

古语云：千军易得，一将难求。真正的领头人才是能够担当起一个项目的，他是部门的人才，是整个公司的核心人才。当遇到这样的对公司和对公司的方向很认同的关键人才时，就应该给他市场化的薪酬，不能因为企业本身是个初创公司，而对他们的工资薪酬大打折扣。因为得到这些关键人才，所获取的价值是很难用工资薪酬去衡量的，即使付给他超过市场定位的薪酬，也不会亏本。

所谓“优秀的人才是免费的”，是因为这样的优秀人才不仅不会消耗企业的成本，反而会带来更多的资产。这些人有重大的价值，是公司创业棋局中的将帅角色。无论企业处于哪一个阶段，都要付给他们足够的和市场相匹配的薪酬和回报，这些人才也会对企业做出巨大的贡献。

当然有的企业会考虑用长期激励、股权作为一种回报，虽然这也是一种很重要的手段，但是随着组织的发展，长期激励给多了，那么整个公司未来可分配的股权也就变少了。所以对于早期创业的公司，其实能不谈股权尽量不谈股权，能用现金解决的问题就用现金解决，而对于个别关键岗位上的人才，现金的回报是必不可少的，除去成本，他们给公司带来的价值依然是巨大的。

第二，在组织中要找到足够多的高潜人才，并给予超过市场的现金回报。

高潜人才通常是一些年轻人，他们或是刚毕业的大学生、研究生，或是从名校招来的学生，他们的思考和学习的能力都很强，冲劲很足。

虽说招来这些高才生之后，可以不用再去考虑招其他人，但是高潜人才的梯队是必须要有的；而对于高潜人才，一定要给予他们超过市场的回报，因为他们成长的速度会非常快，倘若给他们的回报不高，使他们没有动力工作，那么他们的学习周期和培养周期也会变得非常长，甚至会出现冗余问题。

第三，宁可人少一点，也不要出现冗余的风险。

对于初创企业，最可怕的就是招了一批看似便宜但是很没用的人，事实上，这是最损耗公司成本的人。

招来这样的人，我们会发现他们对于各方面的事情，不是不懂就是不能理解，他们做的任何一项工作都超过了他们的能力范围，管理者需要花费大量的时间和精力去教他们。

所以说，实际上这样的人员是在大量消耗公司的内部资源，不仅沟通成本极高，而且内部的交易成本也极高。

那么在人才管理上做得非常好的那些公司，他们的人才策略又是怎样的呢？那便是一个人干三个人的活，拿两个人的钱。

整个公司资源不多，但是让每一个人多干一点，整体上便可以使整个组织的人才体系、团队实现高效发展。

所以，无论管理者是否在搭建人才供应链，是否在创建人才的管理体系，在人的使用方面，一定要有清楚的策略，即对于整个公司的将才，该怎么任用以及如何进行激励和回报；对于我们的高潜人才又该如何寻找并任用，同时该怎么样去培养和发展他们。而在招进公司之后，还要十分注重聘后的管理，通过对员工试用期的管理以及他们在试用期的表现，对他们的绩效作一个回顾，清理无用、冗余人员，以免耗费公司大量的资源。

12 企业该如何面对人才流失？

IBM 咨询公司对世界 500 强企业的调查表明：在过去两年里有 47% 的企业员工流失率出现了增加趋势，流失人员的比例越来越高，只有 16% 的企业流失率是在减少的，那么该如何解读这条信息？

此次的调研对象为全球范围的企业，而只针对中国企业，员工流失率为 66% 甚至高达 77%，三分之二以上的企业在过去两年内员工流失的情况愈加严重。这样的状况是什么原因造成的？这便要从当下的 VUCA 时代说起。

VUCA 是描述当代特点的专有名词。

V（Volatility）——动荡性。当代的我们正处在一种极度不安定的环境下，就像火山刚喷发完后的状况，存在许多易变性因素。

U（Uncertainty）——不确定性。以前认为很确定的事情，在今天来看极具不确定性，就像若干年前小米 450 亿美金的估值，比中国大部分上千亿公司规模的市值还要高，使小米在投资圈深受追捧，但经过两三年，其估值不断下跌到 41 亿美金左右。也有某些企业一旦呈现向上的发展趋势，会在相当长一段时间内保持现状，经过几个月，风向立刻转变，因此不确定性很大。

C（Complexity）——复杂性。当代的商业社会复杂多变，处于信息时代。以往判断事情，可基于数据作为标准，现在几乎没有数据，因为数据可造假或者只是昙花一现，不可重现和复制。在这种情况下，企业做出商业决策的难度加大。

A（Ambiguity）——模糊性，事物模棱两可。很多事情随情况而发生改变，没有唯一性，当代企业家领导人现在所面临的就是这种动荡不确定、复杂模糊的问题。如今很多行业都走在十字路口，犹豫、彷徨，不知道未来会怎样。

也有很多企业大张旗鼓地进行“移动互联网 +”、工业 4.0 技术等，但没有一个企业会承诺确保这些能保持良好的发展趋势，因为这些概念都是基于一种假设，不像改革开放解放生产力等，是有工业化进程，是有逻辑的。当今社会进入了无逻辑状态，企业该怎么办？

为什么员工的流失率在增加？当然大部分是主动流失的，也有很多裁员的新闻，但裁员的数量整体来说是有限的，很大程度上是一种变相裁员导致的人员流失，如公司的末位淘汰制，导致人员流失的比重更大。无论是世界 500 强还是中国创业型企业，都在变相地做裁员工作，为什么要大量进行末位淘汰？调研结果表明：只有 14% 的公司人力主管认为他们的员工具有很强地适应

VUCA 时代的发展变化能力。

企业为了解决 VUCA 时代下人才的流失，需要做好两件事情：

第一，要非常谨慎地控制企业边界和发展速度。

在 VUCA 时代下，事物具有模糊性，需要不断慢慢尝试，任何盲目扩张只会浪费资金，耗费公司资源。所以企业做预算时，应该更加保守和谨慎。例如原来要招聘 100 个员工，现在则要先招 50 人，待发展趋势清晰，再往上增加，这是企业能够持续发展的基础。

第二，在人员的能力要求和角色设置上，要有更大的灵活性与多样化。

以往很多企业有岗位说明书，清楚地界定每个岗位的职责、绩效、能力要求等，但在 VUCA 时代下需要考虑的是怎样让岗位的灵活性更好，而不是变成未来的一种障碍，因此在岗位设置上需要更灵活，对人员技能的要求要更多样，对程序员也是如此。所以要从组织层面去设置员工岗位和技能的多样性。有很多企业开始重视培养全栈工程师，整个链条上的事情他们都能参与，即便不是某一领域专家，但这样的调整会相对容易，企业在用人时难度也没这么大。

宝洁公司要求技术人员会操作整条生产线上的各种设备，如单守着其中的某一部分，不仅没有充分利用人力资源，而且企业的竞争力会降低，整个企业的经营效率就会比多技能、全流程的企业更差。因此企业在招聘人员时需要做更大的投入，从而真正地做到人尽其才，这也是企业在VUCA时代实现持续发展的要求。

13 前任员工该不该返聘?

古语云：好马不吃回头草。那么在职场上，企业该不该招回已离职的员工？而员工，对于前任公司的重新招聘，又该不该回去？很多企业对于这个问题有着非常明确的答案，比如有些公司非常欢迎前任员工返聘，而且可以发现这些员工回来之后，对于企业而言有很好的效果。

那么重新雇用已离职员工，有什么好处?

第一，节约招聘成本。

因为企业既有这些人的联系方式，对他们的基本情况也很了解，从而在招聘过程中，不需要通过猎头寻找，而对员工也不需要再进行雇主品牌宣传，这样便可节约不少招聘成本。据统计，财富 500 强公司通过重聘前任员工，平均每年可节省 1200 万美元，可见所节约的成本之多。

第二，再次被雇用的员工的忠诚度会比较高。

他们不像刚招聘的应届生一样，对公司不太了解充满好奇心，一旦有其他的机会就辞职。这些前任员工选择重新就职，是在深思熟虑后所做的选择，而且他们对原公司、相关岗位很熟悉，在经历过外面的风霜雪雨后，他们的心智也较为成熟，会与他人相处，想通了之前困惑的问题，因此在公司会更加踏实，忠诚度也会变得更高。

第三，生产效率高。

据相关数据统计，吃回头草的员工的生产率比其他员工要高40%，因为这些人对于组织的流程、文化较为熟悉，因而与公司的磨合期会缩短很多，而且他在外面闯荡一段时间之后，不仅开了眼界，对于一些事也有了不同的想法，那么他回来后会带来新的思想，从而为公司带来新策略。

对于组织来说，如果能够把前任员工招回来（这里强调的是主动辞职的员工），其实是一个很好的实践。

现在大部分的公司都有对前任员工的返聘，所以该不该返聘他们，从组织层面上来看，这不应该成为一个问题。如果已离职的员工在过了一段时间后愿意回到原公司，那么组织就应该以开放的胸怀接纳他们，并充分发挥他们的才能。当然，企业不可能招回所有离职员工，毕竟还有现任员工。

要想实现离职员工价值的最大化，公司要有意识地组织与招聘前任员工。像一些大学生、研究生毕业以后，学校会成立一个校友会，一方面校友之间能够相互认识、相互帮忙，另一方面也能够集中资源，所以“校友会”也是很多企业会采用的方式。

比如从宝洁离职的员工，都会组成一个“宝洁校友会”，每个校友会会定期组织一些活动。这些校友通常在现有的领域有较好的发展，因而形成了“校友会”中良好的社会资源，这样便能够促进每个个体的发展。在一些员工离开组织以后，也能够起到一种互动和互补的作用，并帮助公司进行雇主品牌的传播。

麦肯锡咨询公司也有“校友会”，从麦肯锡离职的顾问，或是在其他战略部门工作，或是成了某家公司的CEO，但同时他们也需要咨询服务，那找谁？他们便找回麦肯锡。此时，麦肯锡的“校友会”便发挥了巨大的作用。麦肯锡的“校友会”同时也是它的最大的业务来源，通过这些“校友”，既可实现他们自身在新公司的发展，同时也可促进麦肯锡的业务发展，一举两得。

还有一些公司对于离职的员工会有明确的招回制度。他们会定期组织一些活动，通过人力资源部门进行建档案，并跟已离职员工取得联系，在岗位空缺的情况下，尽快实现对接。有些人离职后在外面经历了各种风吹雨打，便会发觉原公司的各种好处，于是便萌生了重回原有岗位的想法。但毕竟是离职员工，而且又没有渠道，而这时企业主动地去联系这些已离职员工，便给了他们一个施展自我的机会，于个人、于企业而言都会有益处。像IBM、宝洁公司以及爱立信、摩托罗拉等电信公司，都有员工回聘制度：

如果离职员工在 6 个月内重回公司，那么原来的岗位福利、待遇照旧，就相当于休了长假，这是一种制度上的规范。

总之，离职的员工是一个很好的资源库，而外部人才供应链链条打造中非常重要的一点是，企业要有自己的人才库，所以企业的人力资源部门便要维护好这个资源库。这不仅是组织在人才策略上的成功，而且对现有员工也有很好的激励作用，他们的同伴重回公司——表明外面的世界并非那么美好，以此促使员工安定心思，认真工作。

而好的回聘制度和对离职员工的管理也是人才管理一部分，对于组织来说，最重要的是管理好他们，而非顾忌“好马不吃回头草”。

Part4

人才管理篇：如何合理地用人

01 “空降新派系”隐患多，企业快速发展还是要靠子弟兵

一个企业的持续发展，最重要的不是你能挖到多少牛人、大拿，也不是你烧钱的速度有多快，而是建立持续发展的组织能力、内生能力。

前段时间有一些关于瓜子二手车内部高层震荡的新闻，主要是说瓜子的高层现在流失严重。核心问题是高层中的派系之争：一个是阿里系，一个是赶集系，之后又加入了宜信系的人，几个派系之间出现了分歧，最后阿里系的人退出，引起了比较大的人事变动。

其实这种现象在中国的企业里面是比较常见的，特别是在一个快速发展的企业，在一些人员比较稀缺的行业中，每个高管在加入一个公司的时候经常会带一批人跟他一起。所以有时候企业招的不是一个人，而很有可能是一个团队，这样才能够满足整个公司的持续发展。

特别是前两年互联网和O2O比较热，资金融得也比较多，发展得很快、规模比较大、烧钱也比较猛。在这样的情况下，成建制的团队从一个平台迁移到另一个平台是比较常见的。

当然，不只是互联网行业，其他的传统行业也经历过这样的过程，比如说物流、房地产、家电快速发展的时候，比如万科在1999年和2000年的时候就开展过“海盗计划”。

其实这种情况在各个行业都很常见，那么今天我想说的是，我们从竞争对手或其他的公司、平台拉来一些空降兵，一定会对现有的组织和现有的企业文化产生比较大的影响。另外可能会有一个后遗症：他们既可以一批批地来，也有可能一批批地走。

特别是我看到有些企业的管理层可以说是“八国联军”：基本上这个行业的领先企业的人都汇集了，但是他们在开会时真的有那么协同吗？他们真的是一个声音吗？并不是的。

每个人都有过去辉煌的历史，过去成长的经验和底蕴。每个人都会说自己以前的做法，不断地想要说服别人应该怎么做，而没有去思考现在这家公司应该怎么做，或者我们这“八国联军”应该联合起来一起做点什么。

有时候面对这些快速成长的企业和他们的管理层时，我会有这样一种感觉，用一个词形容就是“乌合之众”。他们每个人或许都很优秀、很出色，但是合在一起，反而不太行。所以如果这家公司还有足够的现金流可以支持，有钱可烧，看上去大家都挺和谐的，但是一旦预算压缩，矛盾很快就会充分暴露出来。

所以我的核心观点就是：对于一个公司、一个组织来说，派系太多不是好事情。即使有派系存在，公司的最高管理人员一定要非常清醒，要尽快在这些派系之间找到一个共同点，形成一个共同的、共向的价值观和价值体系，这点是非常重要的。

当然很多企业不是很重视这方面的事情，所以我们会看到很多人事动荡的情况。就像我刚才提到的，如果一个公司还有钱可烧，这些矛盾还能掩盖一段时间；当它无钱可烧时，这个矛盾就会迅速暴露。

那么判断一个公司是否走下坡路的重要标准是什么呢？就是看这个公司是否空降了一批牛气哄哄但又不做事的人。也就是说虽然他们看上去很光鲜，履历很好，而实际上对公司没有什么价值。一旦这样的人或者说一批这样的人进来，这个公司很快就会走下坡路。

为什么？

第一，这些牛气哄哄的人进来以后需要体现自己的价值，所以他会挑毛病。挑了毛病怎么办呢？要改啊，这改的过程就是对资源的耗费。

第二，牛气哄哄的人来了以后，对公司原有的业务一定会产生一些不和谐的冲突。那么就会出现一种现象：新人会把老人挤走。特别是有些人还没有搞清楚整个公司的商业运作和商业的核心价值，想要很快实现他的新想法，而这些东西还是没有经过商业验证的，所以他们失败的概率会很大。

失败了怎么办呢？拍拍屁股走人呗。你可能会问，老板会这么傻，就让他们这么试吗？那肯定啊，既然别人很牛，在谈 offer 时肯定已经要到了很多资源，而一开始的蜜月期，大家还没看出来，所以会让他去尝试。

第三，很重要的一点，会让整个公司的士气下降。因为大家会觉得我们这些人干得不行，外面引进的人才行吗？他们很牛吗？那么我们就看着他们干，看着他们怎么创造价值。所以说，这对老员工的士气有很大的打击。我们很多管理层对这方面不是很注重。

反过来我们看那些持续发展、基业常青的公司，他们绝大多数的组织能力都是内生力，以自己发展、自己培养为主，有时候看上去慢，但是很稳，慢就是快。就像腾讯这样的公司，市值已经 2 万亿港币了，是亚洲市值最高的公司，十几年的时间翻了 200 多倍，但你可以看到绝大多数的员工都是子弟兵，是内生成长起来的，虽然他们也不断向外输出干部队伍。

包括我以前服务过的宝洁，也是一样，98% 的员工都是内部发展、内部培养的。当然，一定程度上可能会有一些创新、灵活、反应力上的问题，但是它会很稳，不会有那么大的波动。整个组织的文化力量非常强大，强大到一个新生力量加入，很快就会被原有组织文化洗脑。就像洗衣机甩干的过程一样，它的向心力非常大，你不合适就会被甩出去。

所以，一个企业的持续发展，归根结底不是你能挖到多少牛人、大拿，也不是你烧钱的速度有多快，最核心的还是建立持续发展的组织能力，内生的能力是更重要的。而组织能力的建设，很大程度上不能依靠外人，还是得依靠自己人，依靠自己的子弟兵，因为只有他们才可以传承公司的基因和文化。

02 强调考勤的公司就一定好景不长?

白岩松在他的新书中阐述了其白式理论的一个核心观点:“任何一个单位只要到了开始强调考勤、打卡、纪律的时候,一定是它开始走下坡路的时候。为什么呢?因为一个走上坡路的公司,人人无须扬鞭自奋蹄,也许员工10点钟才来上班,但是他不需要督促,便会自觉把活干完,并把缺的工时补回去。”

对于这个观点,我不完全苟同。如果一个企业只强调考勤,那么它肯定是在走下坡路,但是企业的情况千差万别,其突发事件也非常多。一方面,领导者和员工天天计较上班时间是否足够,把员工当贼来看,那员工肯定不会努力工作;另一方面,如果一个公司对员工只剩下考勤这一个管控方式和手段,那么一定意味着其他很多手段是失效的,因此员工便看不到整个企业的发展,那么这些人在公司就是混日子,这就代表了这家企业在走下坡路。

但企业是不是就不应该强调考勤呢?很显然,并不是这样的,但“任何一个单位只要到了开始强调考勤、打卡、纪律的时候,一定是它开始走下坡路的时候”,这样的说法也过于绝对了。

现在很多公司都有前台、后台和中台等不同的部门。对于那些需要天天出去获取客户，去给公司挣钱的前台部门人员来说，就不用去给他们考勤了，或者对他们来说，考勤是一种软性要求。

但是很多后台支持的部门人员每天都朝九晚五在办公室上班，他们需要为前台提供支持及资源，在这种情况下考勤是必须的。因为前台员工在外奋力拼搏，当一个客户要求8点钟见面，需要后台来支持，但后台相关人员还没上班，此时就不能及时满足前台的支持要求，那么最后损害的也将会是公司的利益。

同样地，对于很多政府机构、银行及各种公共服务机构来说，该上班的时候就要到位，要求8点开始上班，员工就必须要准时到工作岗位上去，因为它是为公共服务的，这些岗位不可能不强调考勤打卡。有些企业面向的人群和职能不一样，对于特定的岗位，它必须要有特定的考勤要求。

企业发展的阶段不一样，考勤要求也不一样。当企业还是个小企业的时候，或者是小团队、初创团队，这样的团队，很多时候是靠自我驱动、自我激励的，因为这时候员工很多都是为了实现自己的一个想法。他们把公司项目当成自己的事来办，这个时候考勤就不再是必需的。所以对于一些初创公司的早期，它确实是不强调打卡的，因为创业团队的每一个人都是为了一个共同的目标而团结合作、共同奋斗的。

但是随着公司业务规模的扩大以及公司成长阶段的递升，从十几个人变成几十个人甚至到了成千上万人的时候，领导者就必须要考虑建立考勤机制。因为在一个组织里面，不可能每个人都像创始团队一样天天精力旺盛，拼尽全力地去奋斗，这样是不太现实的。这个阶段的企业还得依靠制度、流程以及较完善的一套监督体系来管理公司人员及其行为，形成自己独特的企业文化。比如就像华为，以及一些世界500强企业，它们都有自身的考勤制度。一家没有考勤制度的公司是不可能成为一家百年老店的，但是只依靠考勤制度的公司，也是不可能成为一家百年老店的。

所以不能绝对地说华为公司因为考勤就变成一家走下坡路的公司。企业的阶段不一样，在一个阶段便做这个阶段的事，越往后的阶段，就需要越多的制度流程和体系文化来共同约束员工的行为。

另外职业化程度不一样，也决定了企业仍需要考勤打卡。因为大部分国人的职业化程度还是比较低的。就算是大学生、研究生也会出现上课迟到的现象，所以不是学历高，职业化程度就高。很多人推迟交作业、不守时，这都是职业化程度不高的体现。相对而言，我们是处在一个快速发展的阶段，但企业员工的整体职业化程度还是有待改善的，所以一些基础的制度是必需的。

所以总结来看，白岩松的观点还是有失偏颇的。当然我们都不希望天天有一个紧箍咒放在身上，一旦迟到，公司就会扣钱，晚来几分钟，便会对你做出批评，这就如同对待犯人一样。这时候整个公司在考勤制度方面已经非常机械和僵化，这种情况确实是走下坡路的表现。

但是，一个企业要有相应的管理制度和手段，而这些制度及手段又必须有一定的弹性及综合考虑，在绩效导向和人文关怀之间寻找一种平衡，在不同的职业化程度的阶段里面寻找平衡点。

每年给大量企业员工做敬业度调查时，我们发现：中国员工的敬业度是 49%，也就是有一半的人是敬业的，一半的人是不敬业的。敬业的员工有着典型的敬业表现，就是上班的时候他会在公司非常努力、勤恳地工作，而下班以后还在不断地想公司的事情，为了公司的事情殚精竭虑。当然，在不敬业员工当中也有一些是接近敬业的，对于他们来说，实际上可以变得更接近敬业。那么这个时候就需要整个公司的组织体系提供一个很好的土壤环境，让这些员工变得更加敬业，从而组织的产出会更好。

但考勤并不是驱动员工敬业的因素，这些方面做得再好，也不能够让员工变得更敬业，可这些是一个基础的保障工作，它是对不敬业人的一个处罚，这些制度也是必要制度，是企业在人力资源体系建设过程中不可缺失的一环，也是敬业土壤里面的一部分。

所以，企业在驱动员工敬业时，需要考虑两个因素：一个是正向激励因素，另一个是风险因素。没有成功驱动员工变得敬业，那么反过来会让敬业的程度大幅度降低。如果没有任何考勤打卡制度，员工数量又很多，而且公司并不在乎你是否准时上班，那么那些天天加班的人就会想不通，你们这些人不加班，来得又晚，走得又早，待遇还和我一样，那我干吗要加班？我干吗要努力工作？所以这又是整个公司负向因素里面必要的一环。两手抓，两手都要硬，都不能够缺失，不能说因为有了打卡这样的制度，公司就一定走下坡路，这样的制度反而是保证达到公司绩效的一些基础和必要的条件。

03 企业如何优雅地裁员，又不伤元气？

很多企业为了确保生存，会不得不实施一些裁员的措施。那么这种决定，对于被裁的员工、在职员工来说，其实都是一个重要的考验。

通过微信等各个渠道，经常可以看到很多关于裁员方面的负面消息或者负面新闻，这种情况反映了什么呢？这体现了一个企业整个裁员工作做得不够好或者不够充分，也就是没有处理好整个裁员的过程。这些与裁员相关的负面新闻，特别对一些还处于敏感时期的企业，比如说正在融资的企业或者是正在向 IPO（首次公开募股）冲刺的企业来说更是雪上加霜，它会极大地动摇员工、投资者和一些相关群体的人心，包括它的供应商、客户。所以企业裁员很多时候是必然要做的，但是更重要的是企业管理者要思考怎么做才能使裁员做得更好、更得体。

在商界，有一位大师叫 Robert Reich（罗布特·莱许），他在谈到关于裁员的问题时曾说："采取什么样的裁员措施，比是否裁员更为重要。"也就是说其实大家都知道当公司因为经济或者业务不好时，就必然会有裁员这种情况，但是此时公司采取什么样的措施裁员，这是比是否裁员更为重要的事情。

采取人道的手段进行裁员的公司，其实可以更好地保证还留在公司的人对公司保持忠诚和信任。既然是裁员，公司并不会因此被关闭、清算，裁员只是裁减了公司的部分人员，那剩下的员工仍旧可以在公司继续为事业而奋斗。

采取了得体有效的裁员措施，才足以确保留任的员工以及公司股东、董事会人员、客户对本公司还持续保有信心。所以当一个企业到了非裁员不可的时候，一定要得体地裁员。

实际上，要做到优雅地裁员的确不易。在公司团队人员增加、影响力不断扩大并处于上升期的时候，大家的日子都过得挺好的，不必面临减员。但是要减员的时候，每减一个人，都要跨过心里的一道坎。因为只要这个人在组织里待了一段时间，他和周围的同事、他的直接上级都会产生感情，无论这种感情是深还是浅，在裁员的时候，心理上都会有一道“感情”坎难以跨越。

那么怎么样才能做到得体呢?

首先，裁员前期的准备工作要做好，而准备工作的第一点就是要做好相关人员的培训工作。

我在外资企业工作时也曾经历过裁员，而我记得最清楚的是1999 年在宝洁工作时，所面临的第一次全球大裁员，裁员比例超过 10%。对于这次大裁员，保洁公司的准备工作是非常充分的，首先培训了相关人员，这些人并不是被裁的人，而是那些需要去给被裁的人进行谈话的人，他们会统一口径、统一说法，向被裁者传递一些关键的信息点，并且规避一些负面信息。他们会为这些培训者提供一些被裁者可能会问到的问题的统一口径。

而这些接受培训的人，可能是人力资源的人，也可能是业务线的负责人、一线的经理等等。这些人是直接去操作裁员工作的人，所以他们必须要统一培训，否则到时候可能每个人面对同一个问题的回答都不一样，那么最后只会变得一团糟。而且有一些被裁者的态度、脾气会比较不好，或者情绪比较激动，那么如何应对这种情况下的突发事件和异常情况，就需要进行培训，以准备相应的处理方案。

其次，要进行“摸查”工作。

既然要裁员，就要对被裁者进行“摸查”工作。其实大部分公司裁员的时候，除非是要把整个部门撤掉，通常要裁的员工只是一小部分人员。无论是末位淘汰，还是一刀切，在一个组织里面，通常都会列出一个名单，对于这些被裁对象，是要准备一些充分的摸查工作的。无准备之战是万万不可的。

对于一些准备要裁的对象，要了解他们有什么特点，家庭的状况是怎么样的，各方面都需要了解清楚。作为甲方，我在工作的时候，其实也犯过未调查清楚被裁者家庭状况的错误。

所以对于被裁者的摸查以及相关调查是很重要的，对于一些单亲家庭或有其他特殊情况的员工，在裁员的时候是需要特殊考虑的，特别是国有企业，当然国企裁员的情况比较少。但在民营企业也是一样的，大家都不希望做了相关人员的调整和裁撤以后会引发一些不必要的事情及争端。

第三，制定裁员手册。

裁员手册也是很重要的一项，在这个手册里面，应该记载着和人员沟通的方法和技巧，以及给员工办理离职手续的相关程序，规定相关参与人员遇到什么情况应该怎样去做。大家有一个指南，才足以做好这个事情。

第四，确定实施时间。

当所有准备工作都差不多以后，就应划定一个日期以实施裁员。很多时候裁员是不能慢慢来的，如果一个接着一个地裁员，这是一种优化，比如末位淘汰，作为公司的一种公开的制度，它是一个持续的事情，只要绩效没达到要求，公司或者说相关制度就会要求他离开。

但是要按照一定比例一次性裁减人员的方式，都会有一个统一裁员的实施日。这样便可以让裁员这个消息得到有效的保护，即这一天裁员完毕之后，没有得到通知的人就是在安全线之内，那么他们就不用再面临裁减的危险了；而得到通知的人，就得按照标准程序去办理手续离开公司。倘若公司没有告诉员工明确的裁员时间段，那么暂时留下来的人心里就会害怕，会时刻想着下一个被裁的人会不会是我，从而也会因此犹豫接下来是否该继续工作，最后便会导致工作效率低下。

因此，裁员对很多企业来说，需要掌握一些技巧。当然企业裁员是受经济环境所影响的，而作为企业，在考虑人员增长的时候，其实也要考虑到企业自身的危机。任何企业都是有成长周期、生命周期的，所以企业要时刻思考自身所存在的问题，不能一开始就大量招人，而在走投无路急于挽救的时候大量裁员。

人才供应链中也提到很重要的一点：人才冗余的风险一定大于人才不足的风险。所以企业一开始招人的时候就应该慎重一点，慢一点，并且控制好人才质量。在人力资源管理当中也有一句话：Hire slow, Fire fast，也就是招人的时候慢一点，裁人的时候快一点。反之，遭殃的便会是公司本身。

所以企业在面临裁员问题时，公司管理者要直面这一问题，如果一定要裁员，那么就请得体地裁，并且要对裁员这件事情予以高度重视，做好充分的准备工作，不要打无准备之仗。否则，既让被裁的人走得不开心，又可能让留下来的人工作得不安心，那就得不偿失了。

04 认识到团队能力的差异性，是避免失败的关键

登山家乔恩·克拉考尔在他的书《进入空气稀薄地带》当中讲述了他 1996 年攀登珠穆朗玛峰的惨痛经历：一夜之间有 8 名优秀的登山者遇难。他在这本书中回忆了自己和一个临时组建的业余登山队乘直升机进入喜马拉雅山脉的整个过程，并描述了他当时的感觉。

他在这里面有非常多的体会和总结，这些总结及体会，对于管理者认识职场管理、团队的差异性是非常有帮助的。

书中提到：一个登山者的行为，可能会影响到整个团队的安全，一个结没有打好、一次跌倒、一块被踢落了的岩石，或者其他的粗心大意，都会使整个团队陷入危险之中。

这句话在企业里面也可以深刻体会到，工作上因为一件事没做好，连累的不仅仅是个人，还有其他人，甚至整个组织。但与职场不同的是，职场中一些失误还有挽救的机会，但极限登山是没有第二次机会的，你要么成功，要么失败。失败以后你要等若干年再重新挑战，而且失败的代价很可能就是失去生命。所以这种极限登山运动的团队，对团队成员的要求是非常高的。

作者在回忆当时攀登珠峰的时候，提到当时忽略了一些团队的差异性问题。

团队的差异可以分为两种，一种是和任务不相关的差异，比如说国籍、肤色、年龄、性别等，这些不相关的差异可以忽略。还有一种是和任务相关的差异，这是不能忽略的，比如说登山者的经验，即以前爬过多高的山，是否有在相应高海拔上成功登顶的经历，以及体力、体能等身体的状况。

乔恩·克拉考尔也采访了很多著名的登山者，发现任何一支优秀的团队在登山前都会有一个相同的目标——登顶，但与此同时，他们还有一个底线的目标——不能有人丢失性命。所以登山要做到万无一失才行，在这种情况下，如果有一个人明显在拖后腿，那么最后遭殃的不仅仅是个人，还可能是整个团队。

对于一些企业（特别是初创企业），他们在很多时候并不能清楚认识这种差异性，比如说一些初创企业包括很多风险投资者，在招收团队成员时通常要问：有没有在 BAT（百度、阿里巴巴、腾讯）从事过？有没有在相关行业做过十多年？符合这些条件的人员在资本市场上是比较容易受追捧的，但这些人的能力并不是真的都符合团队以及公司阶段性的要求。

用登山来比喻就是，一个初创公司的起初阶段可能要登的只是一个 2 千米的小山头，而对于那些在 BAT 做过的人来说，他们可能已经爬过 6 千米或者 8 千米的高山。寻求一个经验丰富的人来完成“2 千米的任务”，这样是不合适的。

为什么不合适？因为这样的人到了初创公司以后，改造这个团队或组织是需要耗费较大精力的。比如宝洁公司市场做得很好，所以中国很多的本土消费品公司就在宝洁挖人，这些人在宝洁公司虽然有光环，但是他们去了民营企业以后，业绩并不是那么显著。因为他没有办法施展，而这样的组织也并不能为他提供施展才能所需要的条件，而且对于一个民营企业来说，也没有足够的资金在电视平台上进行广告宣传。另外，民营企业内部的管理机制和配套机制也不成熟，内部员工的能力也跟不上，这些人进了民营企业之后，别人也听不太懂他的话，而他以前的光辉故事离这个企业好像还有点远。

因此，认识到能力的差异，才足以帮助一个企业更好地去找到能力的匹配者。也就是说，如果团队要登 8 千米的高山，那么每个人都应该非常接近这个程度才可以。如果一个团队的 3 名成员有一名不符合能力要求，那么整个团队丧命的可能性就会很大。一个结没打好、一块踢落的岩石都有可能让整个团队毁于一旦。

企业管理也是一样，团队是要让你自己一个人跑 100 步，还是让 100 个人每个人跑一步，这两者是不一样的。一个人跑得太快，那其他人会跟不上，这些人跟不上，跑得快的人只有等待，让他们的能力跟上。

但是组织能力的建设是需要时间的，而这种能力建设的时间可快可慢，这就取决于你要求进步的程度。当然，要求在短时间内突飞猛进是不太可能的，就像登山一样，能力不可能一下子从 2 千米突进到 8 千米。如果要从 2 千米上升到 3 千米，你不怕艰辛，每周坚持训练，并找教练提升自我，这时你便可以很快进步，而这也需要一个努力的过程。

在作为一个领头人的时候，很多人并不能理解能力匹配的重要性，所以领导经常会给员工下达很多不可能完成的任务。一个组织的能力建设，主要靠方向、能力和动力，只是动力十足并不能解决所有事情；若一个组织方向是对的，那它一般不会有大的问题；而至于能力机制，假设老板舍得花钱、懂得分配，如果员工能力没跟上也是没用的。这种情况下怎么办呢？要么换人，要么就慢一点，让其能力慢慢提升。罗马不可一天建成，能力也不可一日提升。认识到能力差异的重要性，给时间让员工成长，只有这样，企业才有可能避免在成长的道路上，因为走得太急、太快而犯下一些不必要的错误，从而给整个团队带来灭顶之灾。

05 如何推倒企业里的部门墙?

很多企业都会有这样一种现象——部门墙。企业中的每个人在谈及部门墙的时候，都颇有体会，甚至是深恶痛绝。部门墙可以说是企业的一个痛点，同时也是企业经营管理中的一个恶性肿瘤。

在 2010 年，华为做过一个内部的反思：是什么因素影响华为成为一家高绩效的公司？通过对上万名员工的调研，结果显示有 10 大原因，首位便是部门墙。

何谓部门墙？就是部门之间相互推诿责任，遇到问题过错就指责他人，对于功劳则争前恐后地去抢。

部门内部是一个自成的体系，无论是销售部，还是市场、研发部，都会有自己的亚文化、管理习惯和一些思路方法。他们可以将部门内部系统管理得很好，但一旦跨出部门，让他们与其他团队协作，彼此间就难以协同，从而与组织的设计、CEO 的想法大相径庭。

很多时候，部门之间老死不相往来，不同部门的人相互议论对方，甚至有些部门会看其他部门的笑话。平时见面的时候看上去彬彬有礼，但是在背后则没有提供真正的帮助，因而在这样的部门之间，因为部门墙的存在，工作效率会比较低。

但经理人或者更高级别的领导、高管，有时候又好像不知道该如何解决这个问题。其实大部分的企业都存在这些问题，无论是跨国公司、百年老店还是一些初创企业，都希望通过一个制度、流程或者领导的权威去解决，但似乎又很难真正地解决。即使是一个初创企业，部门之间要完全达成默契协同，也需要花很长的时间。

在企业中一定会产生部门墙，它的产生在管理中涉及很多的因素，主要有 3 个方面：

首先，每一个部门所负责的事情没有交付清楚。

在交付不清楚的情况下，部门间的责任推诿是很正常的——这与以自我为中心，认知出现偏差是同一个道理。很多人在看待问题的时候会从自己的角度出发，这是人的本性。相对于其他部门，我们对自己部门的业务会更了解，所以一个人在发挥积极性去做事情的时候，自然会觉得是自己发挥了巨大的作用；但如果失败了，便会认为肯定是流程上的其他环节出了问题。而很多组织是没有弄清楚一个好的制度与流程应该对什么负责。

那么为什么会有交付不清楚的现象？因为很多时候企业成长过快，于是在内部的流程、部门的交付、部门应负的责任等方面没有花足够多的时间去梳理，让其自然而然地根据不同人的经验形成。

但是大部分人的过往经验并不能够预测未来，并对未来的管理和业务发展带来积极的影响，他们只会在自己熟悉的领域里面不断地去强化，而非所需要负责的领域。这样反而为企业添加了障碍，使得企业的部门墙变得越来越厚重。

其次，能力或者资源不足。

每一个组织的资源都是有限的，部门的“各人自扫门前雪”的现象，是因为没有时间顾及其他部门，特别是快速成长的组织，无论负责的是市场、营销方面，还是研发、财务、人事方面，部门员工自己都无暇顾及，又怎有时间与精力考虑别人的事情？这就是能力、资源不足的情况。所以在这种情况下，专心于自己的工作是一个必然选择。

第三，心态的问题，也就是员工的心态不够开放，整个组织同事之间信任的程度不足。

一个团队从组建开始，无论初创的还是成熟的公司，都会面临组织成熟度的问题。成熟公司的组织成熟度会相对高一些，但是一旦出现了一个新的项目、新的部门或者新的事业单元，那么重新组建的团队就要回到原点重新建设团队的成熟度，但是当员工心态不够开放时，就容易形成部门墙。

那么要怎么来解决这些问题？

首先从高层起要极度重视，并要注重在软件方面的团队建设，特别是在高管的团队建设中去建立一个更加合理、彼此友善、相互信任的氛围。

但团队建设不只是通过一起吃喝玩乐就能建成的，还有很多其他的方式，一个团队要变成一支铁军，是一起流血流汗、彼此建立深层次的信任关系的结果。

那么在硬件方面就一定要对企业的制度和流程进行梳理，每个公司都有它的主业务流程，在其中又可以分成很多完整独立单元，而对于每一个流程的每一个环节，都要将所需负责的事情交付清楚，像阿里巴巴一样，每一个业务部门都应该要有一个和结果强关联的事情，流程才足以完整地进行下去。

只有明确地交付了所需负责的事情，相互推诿的问题才会减少。当然能力的培养和建设也尤为重要，遇到问题该怎么做，处理问题的原则又是什么，这些是整个组织不可缺失的一部分。

所以要解决部门墙的问题就需要从软件和硬件两方面着手，最后组织的部门墙的问题才会逐渐减少，从而成为一个成熟的、能力与智力合一的建设性团队，而不是一个让组织和个人都难以接受的相互推诿责任、协调困难的团队。

06 中层管理人员为何是企业创新的瓶颈

众所周知，我们现在所处的是一个大众创业、万众创新的创新型时代，每个企业都非常关注创新行为及创新所营造的氛围，很多企业也都纷纷推出了一些鼓励创新的制度和政策，政府也不遗余力地在推动创新，无论是相关的部委还是相关的人才管理机构，对创新创业人才都大力表彰奖励。而倍智人才研究院也根据4千多家企业成功实践的例子来研究创新，从而探究创新需包含哪些因素，企业又该怎样打造创新力。

从这些最佳实践中可以发现企业的创新力核心包括3个方面的内容：第一是个体的创新能力；第二是相关的辅助创新的工具和技巧；第三个尤为重要，也就是创新的氛围。

而这3个要素的驱动能力、核心资源本质上都是人。判断一个个体是否具有创新的潜质，无论是从创新的氛围还是辅助工具和技巧，最终都要落实到个人身上，因为只有个体具有创新的潜力以及相关驱动力，组织的创新力才能够充分地发挥出来。

个体的创新力主要是由创新倾向和驱动力决定的。它包括个人的好奇心、洞悉力、他人视觉、积极思维、对不确定性的容忍程度等。

具体而言，第一，个人的好奇心。如果一个个体对新事物充满了好奇心，那么他就有较好的原动力，他更会不断地打破常规，去学习一些新东西。

第二，对于个体创新来说，洞察力尤为重要。拥有这种能力的人，能够全方位地思考，并且能够辨析一些细节。我们现在所处的创新时代大都需要在某个地方工作到极致后，基于对某些事物的细微观察，并在从未被前人察觉的一些趋势中实现突破，所以是否具备洞察能力对于个体能否实现创新尤为重要。

第三，他人视觉。即能否从他人或者其他客户视角去看待问题，并且能够聆听、采纳其他人的一些创新观点。就如同橡皮和铅笔，单独来看，两者的发明创造都是伟大的，但是把橡皮和铅笔加在一起，则又是一种创新和突破，这是以他人的视角——站在用户的角度所做出的一些改良和设计。

第四，积极思维。积极思维就是始终要看到一个新点子、新模式所具有的优势、价值，要乐于接受挑战，勇于面对批评或者失败，以乐观独当一面，追求成效，积极思维。

一般来说，很多具有批判思维的人，他的创新能力会相对弱一些。

第五，对不确定性的容忍。即面对模糊或者不确定的局面时，能够果断地采取行动，并能够灵活地调整以从容应对并处理这些风险。

通常他们的行动会很快，在不明朗的情况下能够抽丝剥茧，并抓住核心问题。很多时候缺乏创新的情况，也就是在发现问题后仍按照原有的思路和方式解决，那么问题还会存在。

爱因斯坦曾说过："如果重复做同样的事情而希望得到不同的结果，那就是愚蠢。"就像科学家在做实验一样，在各种参数一样的前提条件下，希望得到完全不一样的实验结果，那便是傻。所以因为有了不确定性，从而让创新变得可能。

当然，个体的创新，除创新倾向外，还包括底层的驱动力以及思维的流畅性等等。有时候可能有很多想法，但是难以有逻辑地把它们表达出来并将其变成现实。倍智人才研究院也做了大量的调研，并分析了很多的个体、群体在创新能力上的得分状况。

在现实生活中，我们每个组织里面都有不同的层级，通过对高层、中层、基层的调研，会发现一个特别有趣的现象，那便是高层在创新力上的平均得分是 5.80，而基层的平均得分是 5.78，中层是 5.62。

可以说中层在组织里面的创新能力是最弱的，那么真正驱动组织创新的人在哪里？在高层人员里。高层通常可驱动组织朝业务方向、朝创新能力方面变革，他们的视野很开阔，能够和国际行业接轨，并且可以看到很多不一样的东西，对新事物保持非常好的洞察力和好奇心。而组织中的基层，因为他们每天处于一线，处理着很多具体的事情，并非常乐于接受一些新事物。但是中层人员的创新能力却变成了一个短板，本来他们应该扮演的是一个很重要的角色，甚至应该变成一个发动机去推动基层的创新活动，推动和改变高层的创新想法和思维。

实际上，组织中的中层人员成为组织创新的一个瓶颈，这也反映了中国大部分企业的一个现状：企业中的很多中层管理者，一方面只是简单地完成上传下达的任务；另一方面，他们每天要面对和处理的事情非常多，被很多日常事务困住了手脚，所以他们各方面的创新能力都在逐步衰退。

对他们来说，似乎处在一种两面夹击的状况：高层对他们有一些新的要求，而基层也有很多新的想法、新的呼声，但是中层人员夹在中间，一方面要面对巨大的业绩压力，与此同时又要去面临日常的繁杂任务，于是便处于一种进退两难的境地。

在这样一个万众创新的时代里，中层管理者要改变这个现状，实际上就需要去重新考虑组织的边界问题。在这种情况下，很多时候不是靠一群人、一个部门去发挥作用，而是需要有更多的跨职能、跨部门的工作，需要更好地去改善组织现有部门的内部业务流程，从而给上司提供更好的帮助。

在针对 5 项能力的调研中，其实可以看到中层的短板是在他人视角，也就是中层人员从其他人那里，无论是高层、基层，还是其他跨职能部门、相关领域的人，听到他们对自己的反馈意见相对来讲是比较少的，这也是他们之所以成为瓶颈的一个很重要的原因。

所以如今的企业创新，最重要的是要解放中层的创新力，让他们具有充分的时间，以一种更好的思考方式去提升自己的创新能力，打开自己的事业，开放自己的心态，这样整个组织的创新能力才能够发挥出来。因此，激活中层，整个组织就能赢在中层，从而能够赢在创新这条道路上。

07 员工培训，八成企业都在做无用功！

最近看到一个关于员工培训的新闻：一家美国公司，在员工的培训和教育上的投入非常大，仅 2015 年，总花费近 3560 亿美元，按照每年 365 天算，基本上每天都有十多亿花在培训上，但是投入这么大，它的回报怎么样呢？

从调研结果来看，大多数企业培训都没能使这个组织的绩效得到提高。而员工培训完了以后，很快又会恢复原来的办事方式。培训的时候挺热闹的，气氛活跃，也痛定思痛，但是回去以后呢，好像这事就完了，其实大部分公司都是这样一个状况。

美国的企业领导力委员会对 2011 年以来的 50 个组织 1500 多名高管开展调查。其中四分之三的受访者对公司提供的学习机会表示不满，也就只有四分之一的人觉得企业提供的学习机会对公司的业绩有正向意义。所以非常不幸，就算公司在学习发展方面投入了这么大的精力、财力、物力，但是最后效果并不明显。

这结果肯定不是企业所希望看到的，无论国外还是国内，培训方面的预算是人力资源里面最充足的，人力资源里面最有钱的部门就是培训部门。每年培训部门在做工作总结时亮点也很多，比如我们请了多少知名的老师来，我们上了多少人次的课，我们员工的出勤率是多少，获得了多高的满意度等等，这些在培训部门的工作总结中经常能看到。

但这些东西是老板关心的吗？并不是的，那老板关心什么？

老板关心的是培训完了以后，我们的绩效有没有改变？我们的效率有没有提高？我们的团队士气有没有变化？我们做事方式有没有改善？我们的协同有没有更通畅？我们每个人有没有更加认同企业？我们的流失率有没有下降？

这些才是领导关心的问题，但是这些问题是通过培训能够解决的吗？理论上是可以的，因为我们都假设它一定能解决，无论是领导人还是 HR，我们一开始的假设都是这样。

这个技能他不会，不会怎么办？拨预算，请老师来培训上课，我们请很多这个专业的专家来授课，这是我们在现实生活中经常看到的情况。

倍智在做人才管理、人才供应链的研究时，对于企业培训更关注的是培训的投入产出比，所以倍智提倡的是 ROI 最大化的人才培养，一定要把投入产出进行仔细地衡量，你才知道什么样的培训方式对人才管理是最有效的。

我们研究过最无效的方式就是送高管去上 MBA 或者上

EMBA，这个投资回报率几乎是零。对于高管个人来看是不是有好的回报，这个不好说，但是对公司肯定是没有的。你就别指望说他上了这个MBA以后能够尽快地应用到业务上，把业绩搞上去，甚至很多时候他学的东西在公司里面就没法用。

那么最有效的方式是什么呢？比如要提高人力资源人员的专业能力，最有效的办法就是和咨询公司一起做项目，在这个过程中去解决公司的某个具体问题。这个时候对人力资源的专业从事者的提升是最快、最有效的，既掌握了工具和方法，同时又解决了问题，这是最好的投资。所以企业其实应该在这方面做更多的投入和投资。之所以这样的方式够好，因为它是以问题为导向的，在做的过程中，我们去解决问题。

通过问题，通过内容的加载，让参与这个项目的相关人员能够获得技能，这是最有效的。“做”中“学”，是ROI最大化的人才培养方式，在“做”中“学”里面，我们一定要了解员工所需，员工需要的时候才做，不需要的时候还去做的话，就像我们工厂里面的库存一样，是不能够产生效益的。所以大部分情况下企业希望通过一堂堂的课程去改变员工的心态和思路，改变员工的技能，实现绩效的提升，这个难度是非常大的，几乎不可能实现。对于高层管理人员来讲，在决定要上什么课、不上什么课的时候，一定要得到一线的确认。

也就是说，这个技能对于一线来讲，一定需要掌握还是掌握不掌握都可以是不一样的，如果是后者，那么最好就别花这个钱了。员工有了这个技能其实也用不上，用不上也就忘了，除了耽误员工上班以外，其他也没什么用。

但也有例外，比如有一些国有企业或政府企业，他们的工作没那么忙，有时候他们也确实需要有一个交流沟通的平台，而这个时候的培训，它的意义就不一样了，这时培训是以社交属性为主的。

比如通用电气的企业大学每年做那么多的高管训练，一方面是传递公司的价值观，另外一方面就是让大家有一个交流互动的平台。所以这时候培训也是有效的方式。

但是，对于高管的成长和培养，其实除了这种跨区的互动社交的交流碰撞以外，更重要的是来源于他的领导对他的一对一反馈和辅导，这是非常有效的训练方式，基本上很难找第三方来替代。你找一个培训师或顾问，高管也不想跟他们反馈，毕竟是第三方。

就像现实生活中两口子吵架一样，每次吵完架你们自己不去解决，找一个第三方来调停，这样是不长久的。对于直接上下级遇到需要去沟通、去解决的问题时，还是要自己去面对的。一对一的谈话、反馈、辅导，是高管或者说管理层成长非常重要的一种方式。也可以有一些其他方式，比如很多企业推行的导师制，这也是一种帮助高潜人才快速成长的非常重要的手段。

所以与其在培训上一掷千金，还不如扎扎实实地做一些事情，倍智一直倡导的都是 ROI 最大化的人才培养方式。无论什么培养，在上课前都会做一些有针对性的调研，或者对学员有针对性地做一些测评，这是非常重要的，这也是倍智一直倡导的“测训一体”的理念，就像要去医院看病，拿药之前，你必须要诊断一下，才能有针对性地进行治疗。

所以在培训方面要将测评对于人的评价、自我认知和训练课程有机结合在一起，它可以极大地提高我们训练资金的使用率，也可以极大地提高我们培训的针对性，从而能够让员工的发展、让组织的绩效得到更好的提升。

08 如何看企业靠不靠谱

毕业生在选择实习企业时，都会考虑到一点：这家企业能否让人成长。这是一个非常重要的问题，大部分人在加入一个企业以后，心理落差会非常大，因为想象和现实往往是不一样的，也就是宣讲会上听到的、招聘广告上看到的，和进入公司以后实际体验到的会有差距。

那么究竟如何来判断一个公司能否让人成长，而且成长的可能性又有多大？其实可以从以下 3 个方面考虑：

第一，公司是否有愿景有情怀。

创始人或高管团队，他们的高度决定公司未来的高度，他们的人才观也很重要。

创始人自身是否是一个有愿景、有理想、有情怀的人，很大程度上决定了这个公司未来能否走得很远。当然，如果一个公司没干两天就垮了，这样对于我们自身来说是不利的。公司都不成长，自身又怎么可能成长呢？所以只有公司快速地发展与成长，我们个体才有可能成长，这是一个基本道理。像华为或者腾讯这样的公司在持续快速地成长，所以很多年轻员工在和公司一起成长的同时，自己也收获了很多。公司的成长极其重要，而它的成长就和创始人或带头人本身对公司整体的规划、诉求、愿景有很大的关系，他既决定了公司的高度，也决定了公司的未来。

当然，务实一点来说，领导人只有愿景、理想，这也是不切实际的，他得用实际行动来实现这些事情。所以我们可以通过他的经历和故事，或者根据他在实现这个公司愿景时所付出的行动，来判断公司本身是否有发展前途及我们自己是否跟对了一个领导人、一个公司。如果一个公司及其创始人、创业团队从来就没想过大方面的事，那么它也不会成长。

第二，以绩效为导向。

一个在不断成长并且能够促进公司成员成长的公司，一定有公平公正、以绩效为导向的文化氛围。也就是说，我们每个人的发展、竞争是以结果为判断标准和依据的，而能够让人成长的公司一定是以绩效为导向的公司，这是第二个非常重要的判断点。

基于一个人做得好、一般还是坏，公司对这些人会有不同的晋升奖励，甚至一些处罚的手段。所以一个公司裁员是正常现象，全世界没有任何一个公司是不裁员的，区别只在它是否公之于众罢了。如果一个公司、企业或者组织永远不调整人、不减员，那么这个公司一定有问题。为何？因为不管表现好坏，他都能留下来，特别是表现一般的人员待得更久，那么这个公司的绩效一定是一般的。所以裁员从来不是一件可怕的事情，它是内部结构优化的问题，就像我们去健身房运动，或者去跑步，目的就是为了练出线条、肌肉，调整体内的各个指标，而且只有把脂肪减掉了，我们的肌肉才能显现出来，这就是所谓的以绩效为导向的公司。

但是一个公司如果只有绩效导向而没有人文关怀，那么这个公司也不能长久经营。这里面存在的是一个主次的问题，也就是一个能够让人持续成长的公司，它一定是以绩效为导向的公司，但同时它也会兼顾人文关怀。这个顺序是不能倒过来的，一旦人文关怀在前，那么绩效导向就无法实施；但是绩效导向在前，它就可以兼顾到人文关怀，原因何在？因为你绩效好，公司就给你很多关怀，反之就没有。能让人成长的公司文化就应该是这样，所以在这个组织里面，你会感觉到大家都很努力在做事。一个人的事做得好，就会有回报，这回报除了晋升以外，还有很多人文关怀，无论是你的福利还是你的家庭，都可以照顾到。现在有很多公司会大范围地给所有人福利，但这里面很多东西都是被浪费了的，因为实际上真正在一线打拼、在为公司创造价值的这些人，是没时间去享受这些福利的。之前我任职过的一家外企，他们在办公室里面放了好几台电动按摩椅、沙发，甚至还请了按摩师来给大家按摩，但最后享受了这些按摩福利的只有那些天天在公司的人，而在外面打拼挣钱、去见客户的人是享受不到这些福利的。那么这些福利究竟是鼓励什么？是鼓励大家都不出去吗？这就是问题的所在。

所以，绩效导向兼具人文关怀，而反之的结果将会是员工不能快速地成长，领导也会不满意。你会发现大家都差不多，而且会想着最好不要太冒尖，因为冒尖也没什么用，也不能获得好处。

第三，注重内部晋升。

能够让人成长的公司，它一定是以内部晋升为主的。当你询问一个已经经营了 5 年的公司，是从什么时候开始招应届大学生的。如果他们说现在都还没有招过，那么这个公司就不太注重内部成长。因为它都是“拿来主义”，从来没有或者说很少培养和发展公司的员工。

众所周知，在人才培养上，我们有两种不同的理论：一种是农夫理论，另外一种就是达尔文主义。农夫理论说的就是要精耕细作、选好种子，并且要去了解种子和土壤能不能匹配；每天要给它施肥、浇水，以保证种子能够发芽生长，这样才会收获果实。而达尔文主义主张的则是“物竞天择、适者生存”，对于公司来说，公司本身就是这样，能存活并留下来，那你就很有本事；但是如果在这种环境你不能存活下来，那便是你的能力不足。

所以两者是不一样的，农夫的人才观是注重内部培养和发展，注重每一个人在组织里面最大化的发展和潜力，它是以内部竞争为主，而外部的招聘或者外部空降是一种非常辅助的手段，或者说仅仅是在某些岗位上适用。因为有一些是内部无法培养的人，比如说法律顾问、医生，就要从外面聘请，或者把这部分外包出去。所以以内部晋升为主的公司，通常会比较注重人的成长和发展。当然，也不是每个企业一开始就能够做到内部晋升、内部培养的，因为它也需要时间，一个公司不可能给刚入职 3 个月的人晋升机会，而应届大学生初来乍到，3 个月就被提拔的可能性就更小，并且几乎不存在，除非你是个天才，但这也需要时间，然而三五年以后，就应该可以看出端倪。

倍智非常注重员工的内部培养以及内部成长，像倍智的人力资源总监就是从第一年招聘的管培生一步一步地成长起来的，而且相信像这样一些在公司待了很久的人，其对公司各个部门、各个业务环节都会很熟悉，倘若此时公司从外面空降一个或者说招了很多人力资源负责人，最后面临的一定是失败。反而是从公司内部成长的、从业务线调配过去的人，最后却是成功的，而这就是注重内部培养的结果。

只有能做到这 3 点的公司，才能够让人成长，才是一个靠谱的公司。

09 从优步轻罚司机，看企业应如何处理犯错员工

新华社报道，优步某男司机一言不合在大街上侮辱女乘客，并当街脱裤露下体。对此，优步却只做出禁止该司机接单一周、退还女乘客 8 元订单的决定，并辩称该司机并非优步员工，跟平台没有雇用关系，企图推卸责任。就问题而言，企业对于触碰公司底线的员工，该用怎样的态度处理？如果优步认为顾客至上，那公司得以生存、盈利的基础就是以尊重客人为底线。

从企业的角度看，它们都有各自的愿景和使命。很多公司都会随处张贴着宏伟价值观：目标是什么，宗旨是什么。但在公司具体运营操作时，并不全是围绕价值观和价值体系的。如果核心价值观只张贴在墙上，并不去落实，公司将无法持续发展。

优步的价值体系上一定有乘客至上的准则，那他们在处理这个事情时，是否围绕这样的价值观去考虑？不管男司机是否是优步员工，优步已违背了它的价值诉求。

对企业来说，公司有明确要求大家共同遵守的价值观准则，当员工违反准则时，该怎么处理？倍智公司明确要求有两条底线：

一是诚实正直。

诚实正直原则简单易懂，不说谎、不欺骗、不伪造数据，都是诚实正直的表现。

二是信息保密。

保密原则包括两条核心要求：第一，薪酬保密，泄露薪酬信息，无论是泄露者还是打听者一律开除；第二，信息保密，与客户合作要签订保密协议，这是员工必须要遵守的基本要求。在倍智公司里这两条底线不可触犯，任何人违反这两条底线，一律追究责任。

公司体系必须要有不可触碰的底线，它可以简单直接，是整个公司核心价值观的重要反应和诉求。大部分公司的底线则是基本的准则和标准。

公司运营围绕底线，对于挑战底线的员工，要有非常坚决的态度，不能简单处理，否则价值体系会变得混乱。领导者在处理问题上言行不一，会在一定程度上导致员工对公司的底线产生误解。很多企业的文化让客户感到混乱，这都是典型的领导者在处理问题上言行不一的状况。

那么要维护公司底线，在制度流程上要建立“三不”原则：一是不敢，二是不想，三是不能。

第一个原则不敢。其中涉及一个火炉原则，底线就像火炉，火炉有熊熊火焰，烤火时人的手不能触碰它，一碰就会烧伤。火炉原则对任何人都是公平的，它具有威慑力，即便人们不主动触碰，在火炉范围内也会感觉到热量，从而不敢去触碰，对于底线也是同理。因此公司在颁布公司制度时一定要让员工明确知道这是不能触碰的底线。

第二个原则不想。要让员工知道触碰底线的后果是十分严重的，连“想”也不允许。例如公司薪酬保密的要求，打听薪酬者不允许有侥幸心理，因为这种做法一定会被举报。宝洁公司针对明显犯错误的员工采取的惩罚措施有：一方面把事情在全公司进行通告，另外一方面把名字公之于行业协会，使他们无法在行业里工作。这样触碰底线的惩罚条例，才有足够的威慑性。

第三个原则是不能。企业要在制度流程上限制员工，避免犯错。例如有些员工私自利用公司资源为己谋利，这表明公司在运营过程中出现了漏洞，还有内部审批流程和相互制约的流程设计不够完善，以及物资部门和采购部门需要分开运营。这些方面完善了之后，员工就不太容易犯错了。

在职场上，员工要非常清楚公司的价值观和底线；围绕价值观和底线，建立“三不”原则。只有这样，才能保持企业价值观，减少员工犯错的机会。

10 同样是加班，为何 58 同城的“996”会引燃众怒？

58 同城公司人力资源部以口头通知，要求员工实行“996”工作制（工作日早 9 点到晚 9 点，一周工作 6 天），不能请假，并且没有任何补贴和加班费。消息一出，公司不少职员利用社交媒体表达了不满。对于这个问题，你怎么看？

记得以前在宝洁的时候，让我非常自豪的是我们实行了“5 天 8 小时工作制”。而今天，58 同城执行的“996”工作制，当然并不是他们的首创，也不是今年第一次做这个事情，但为什么会在整个传媒界、整个舆论界引起这么多的争议和吐槽呢？

就连 58 同城 CEO 姚劲波的微博也遭到了大量员工的围攻，网友热议“为什么要搞 996 制度”，很多人也问我怎么看这个事情，对此有什么建议，我觉得要从两个角度来看这个制度。

一方面，“996 制度”违反了劳动法。

根据《劳动法》规定，一周正常工作时长为 40 个小时，而“996”制度是让员工一周工作 72 个小时，不但延长时间、违反法规，还没加班补贴，这当然是不合适的。

虽然 58 同城并没有将这个制度拟定成文，但是确实提出了工作时间的延长和无补贴的要求，所以，如果我们站在法律法规的角度上，站在大多数员工的角度上，去谴责 58 同城，去谴责 CEO 姚劲波，那都是常理之中的事。

另一方面，内部工作没做到位。

首先，58 同城在做这件事情的时候，沟通没有做到位。很多事情、很多制度在做变化和调整前就应该说清楚，有一定的公告让员工了解做出改变的原因和意义。不能是做了一半，或者准备开始做的时候才发出公告，这样就会让人觉得很突然，难以接受甚至引起骚动。

企业在员工入职的时候，即使你不能很明白、很清晰地将某些条例写进《员工手册》，但是在口头上起码要告知员工有这样一个事情，越早说越好，不能暗箱操作，正所谓“人事无小事”，和人事制度相关的东西，一开始就必须讲清楚。

其次，准备不充分。我觉得 58 同城在处理这件事情上比较急，并没有充分听取一些员工的意见，特别是部门负责人的意见。那么公司应该怎么做？沟通和调整的权限应该在哪呢？

其实不应该由公司这么大张旗鼓来公布这个事情，应该是小范围沟通，由部门去沟通。特别是 2015 年，58 同城经历了大规模的并购，包括并购了赶集网、中华英才网，这些公司以前可能就没有经历过“996”。

58 同城自己的员工，可能已经熟悉和习惯了，所以公司的 HR 和 CEO 会认为“我们一直都实行高峰期工作制度，那么‘996’对我们员工来说就不存在什么问题”。但是这些被并购来的员工，他们在整个企业文化的认同上，在新环境下工作的习惯和策略都是大不相同的。

这些人在被并购的事情上可能还有一些怨气，与新环境还没磨合好，现在让他们按照新公司的习惯去加班，他们一定会认为凭什么要去执行！况且 58 同城也没有给这些员工一个合理的说法，于是他们要去闹。所以大概也能猜测到去围攻 CEO 姚劲波的那些人，一大部分很有可能就是被并购整合过来的员工。

这就是准备不充分导致的后果，也是我们要吸取的教训。要让人改变习惯，就要制造一个良好的过渡环境，做好充足的准备。

第三，补偿没落实。

在处理这件事情的后续问题上，58 同城并没有做好补偿机制的工作。既然决定实行这样一个制度，那么就要考虑在一定程度上给员工一些补偿，因为实际上，每个行业都有类似 58 同城的业务高峰期，做好补偿工作会让员工在接受制度变革上少一些抱怨，多一些理解和支持。

比如像我以前服务的美的集团，他们也经常加班，但是美的有非常好的补偿措施。在七八月份生产空调的淡季，公司会给员工放 15 天的长假。这样员工就很 happy（开心），他们觉得这个补偿制度挺好。这个假期对于以前由于加班无法做规划的时间就是一个良好的互补。

像我们公司在招人，特别在校园招聘的时候，都会讲清楚，我们作为专业服务公司，加班情况很多，基本上得做好一周工作 70 个小时的准备，这个和“996”是差不多的，但实际上，我们也会考虑给大家一些适当的补偿。比如在春节工作没有那么紧的时候，就给大家多放几天假，有一些人可以提前回家做好安排。

除了时间上的休息补偿，日常加班期间，我们也会做好后勤工作，我们的行政人员 5：30~6：00 就会收集大家的加班餐需求，根据他们的喜好定好加班餐，还让阿姨给大家准备一些糖水，特别是夏天准备一些凉茶让大家加班不会那么躁动。

这就是在人力资源和人事行政方面，公司需要去考虑的一些补偿。

同样，华为的加班也是非常多的，但是却看不到华为的人出来闹事，没有人去吐槽任正非。为什么？因为华为无论是在前期的沟通，还是整个的文化补偿制度方面是都做得非常好的，包括他们在中间做过两次“全体起立而坐下”——全体起立就是大家都没岗位了，然后奋斗者坐下。

所以你要确认自己是不是一个奋斗者，奋斗者就是自愿加班，不是奋斗者不加班，自然就没关系。但是股权、奖金、考核、晋升都也自然和你没有了关系。

华为将整个分配制度、奖励制度、绩效考核制度和奋斗者结合在了一起，换个思维、换个方式让员工自主去选择加班与不加班，这就是华为的加班补偿措施。

有时候看上去很简单的事情，但如果我们的准备不充分、考虑不充分，我们配套的制度不完善，那么它就很有可能从一件小事变成一件大事，甚至有可能变成一个灾难。

11 阿里新出《合伙人退休制度》到底有何用意?

最近阿里公布了一个合伙人的退休制度，这是在 47 岁的荣誉合伙人陆兆禧退休后，由井贤栋接替出任董事职务的公告发布时，一并出台的制度。这个公告引起了广泛的关注，这个制度蕴含着极大的信息量：第一，我们可以看到阿里目前总共有 32 个合伙人，其中 80% 是 70 后，非常年轻。第二，合伙人退休条件是自身的年龄加上在阿里巴巴的工龄，只要这两个加起来超过 60，就可以退休成为荣誉合伙人。而是否能够成为荣誉合伙人也要看他在作为合伙人时的表现是否优秀。

按照这个制度，假设一个人在 20 岁加入阿里，工作 20 年并且表现优秀，就可以在阿里作为一个荣誉合伙人退休了，这是此制度的一大亮点，所以很多人对这样的合伙人制颇感兴趣。阿里合伙人的比例大概是千分之一，它的合伙人要求是比较严格的。那么阿里的合伙人制度和专业机构的合伙人是不是一回事呢？它们的概念看似一样，事实上是不太一样的。合伙人在现今是一个时髦的词，倘若在街上和一堆的创业者交换名片，他们的名片里面通常都会有合伙人、联合创始人这些名词。

“合伙人”这个词最早是从律师事务所开始使用的，众所周知，律师事务所中的律师是靠自己的专业服务技能，为个人或者企业提供法律咨询或者打官司，从而获取费用。但是其又依赖律师本身的专业能力和专业素质，所以一个律师事务所要做大做强，就需要大量的具有较强的挣钱能力的人加入，从而成立一个合伙企业。合伙人自身通常具有业务能力，同时也有交付、挣钱能力，这样整个律师事务所会随着资深人员的扩充越做越大，这就是合伙制、合伙人最早的来源。

那么什么样的人能够成为合伙人？

第一，在专业服务领域成为合伙人的人，代表着他们是有资源、有生产力，并且能挣钱的。那么这是什么样的人？他一定是某个领域或行业中的专家，所以合伙人首先代表着一种资源，本身就是通往业务的一条路。

第二，合伙人代表着一种责任。既然成了一个机构的合伙人，那么也就成了一个机构的重要代表，所以是需要承担连带责任的。通常来说，合伙人除了持有公司的股权这短期的收益以外，还有长期的激励、分红等等，这是通常所理解的合伙人的一个标准定义。自从电影《中国合伙人》放映之后，大部分一起创业的人被称为合伙人，特别是早期的创业者，因为实际上大家的资源都差不多，承担着共同责任，享受着共同利益。

但随着规模的扩大，企业变得越来越规范与成熟，那么合伙人的数量就会越来越少。至于阿里的合伙人制度，其实更像是一个人事制度。在这种情况下，任何一个人加入阿里变成一个合伙人，所能够给阿里带来的资源和业务并不多，因为这个时候阿里已经不是靠个体能力来驱动的，而是靠平台、产品本身的商业模式。至于责任方面，则是董事会所承担的责任更大，而且他们还有利益保障。

阿里的合伙人，通常都会有公司的股权。作为公司的股东，他们也会和公司的长期利益进行捆绑，所以从这个角度来看阿里的合伙人，和创业早期以及专业服务机构的合伙人的概念是不一样的。特别是陆兆禧 47 岁就退休了，而在专业机构当中，一个 47 岁的律师、顾问或者会计师，可能刚刚成为合伙人，因而此时正是他们为公司打拼和创造价值的最好时刻，所以是不太可能在 47 岁就退休的。因此阿里的合伙人制度更像改革开放初期，我国设立的一个专门机构——顾问委员会，也就是承认个人对组织和国家的长期贡献，但是长江后浪推前浪，所以让更有才能的年轻人上来以继承发展，同时也要让这些退休者有间接参与的途径，所以便设计出这样的一个制度机构，让退休者以荣誉合伙人的名义继续发表意见，但是不直接参与公司或者组织的经营。这种做法最大的好处便是把位置空了出来，让更多年轻人到领导岗位上去，从而能有更好的发展和成长空间。

当然这也和阿里所处的互联网、金融行业的发展形势紧密相关。因为这类行业的变化非常快而且处于复杂的、不确定的商业环境里，同时，他们所面临的消费者群体越来越年轻化，而不像专业服务机构中的人年纪越大越吃香，所以企业也会希望他们的领导人、管理人员和合伙人更年轻，从而越来越贴近他们的客户群体，所以才有这样一个制度。

阿里的合伙人制度是一个非常好的制度，这个制度能够让更贴近客户和消费者群体的人成长为公司的核心人员。因为有这样一个合伙人制度的保障，从而既能够让有贡献的合伙人各抒已见，同时也能够让年轻人尽快走到关键岗位上去，带领企业走向新的发展。

12 内部轮岗是必然，但也要提防争执与灾难

在很多跨国公司或者是世界500强企业中，轮岗是他们人力资源的一个主要实践，很多公司都在践行这样一种方式，因而这并不是罕见的事情。但是对于中国的大部分企业而言，轮岗并非很容易实现，它需要有很多前提条件。而当一个公司的规模扩张到一定程度之后，轮岗这种方式又是必须要实现的，它是一个必然的选择。

早期我曾在外企工作过，从1996开始在宝洁工作了大概有6年，在这6年多的时间里，我总共轮换了4个岗位。起初，我加入的是宝洁的生产制造部，作为部门主管，接着转去了技术部。

在转换了部门之后，会发现自己有了不一样的视觉体验：在生产部的时候，会老抱怨技术部的标准太严格、太苛刻，因而给生产工艺带来了不少的麻烦；但是到了技术部后又会发现：作为一个技术部门的员工，一定要对消费者、产品的质量和标准负责，从而会想到改善工艺，并把这些技能传递给生产线的员工们，同时也会更多地考虑和成本有关的东西。

随后转去了制造部，自己又有了一个不同的心得体验：原来

项目的管理，特别是大项目的管理以及生产线的转换，需要很多沟通，并且还需要多部门协调。

最后转去的是人力资源部，到人力资源部以后，我又不禁感慨并思考：业务线上这么多人，他们在生产线上工作了十年八年，怎么才能有一个好的职业通道呢？又怎么能够在中国甚至全世界变成一个被认可的专家？在自己的职业发展通道上又该如何设置？

在很多跨国公司，它们所实践的轮岗制度有着不错的收益和效果，因为这可以使员工从不同的视角去看待自己原来的工作，从而做出改善和调整。

但为什么说中国企业做轮换相对来说比较难呢？因为不具备人才足够多的基础。比如在宝洁的轮岗中，一个主管从一个部门转换到另一个部门，对工作熟悉并上手所需要的时间是比较短的，而且宝洁还有较多相对比较稳定的基层员工，所以即使换了一个领导，部门也能够照常运转。但是对于中国企业特别是民营企业来说，它们正处于一个粗放式的快速增长的过程中，人才对于这些企业来说一直都是不够用的，在不够用的情况下进行人才轮换，可想而知难度是比较大的，就像有足够的萝卜坑，但是萝卜却不够甚至没有，这岂不是白费力气，又毫无成效。

因而，对于很多初创企业和中小企业来说，无论愿景有多好，除非有人才储备，否则在时机不成熟的时候是不能去做轮换的。

至于轮换，它的一个重要的目的是为整个企业，特别是一些大企业的人才培养和成长提供一个方式，从而培养一些需要有不同业务部门的工作经验和履历，并可以承担和胜任更大工作的未来领袖和领导人员。

那么，岗位轮换通常在什么情况下才有可能发生？内部提拔、内部晋升的比例已经超过一半的时候。像宝洁公司，其内部晋升的比例就高达 99%，基本上全是内部晋升。

一个人要从基层的领导人变成一个区域、国家的负责人，就需要有较长的培养周期，同时要有一定的工作经验。因而在实践的过程中，企业要实现轮换，要具备以下 3 个前提条件：

第一，就是有内部的人才储备。

第二，对人的评价和考核应以综合评价为主。通常一些公司都有核心与非核心的部门，也有业务状况良性和业务状况一般甚至很差的部门，那么员工转换岗位的时候，如果是以数字这种硬性的指标来做考核的话，就没有人愿意换到一般的部门工作，因为他们会觉得换过去之后便会前途渺茫。

第三，对于轮换的人，要有清晰的双向轮换道路，以及明确的 homebase（本垒）。也就是无论转换到什么部门，最终都要回到自己的队伍来，要回归到自己的家园当中。比如一个人从生产部轮换到市场部再到销售部，轮换原本的目的是将这个人培养成生产线的一把手，或许有一天他能够成为某一条线的负责人，但也还是要回到生产部以进行协调管理的。轮换并不意味着从A部门轮换到B部门以后，员工的整个核心工作就转换到B部门中。否则，这样的变动，就只是单向的流出。

当然也有人会就此转换了职业通道，比如我自己。我原本是归属生产线的，后来转换到HR，那么HR便成了个人的homebase，以负责个人的成长和发展。无论如何，轮换都需要明确转换岗位员工的homebase。而这就涉及对轮换管理的体系化问题，它如果完全是单向的，那么对于输出人才的部门来说是不公平的，所以其应该是双向和多向的，因而它又和职业生涯的管理、homebase以及轮换周期的管理等等一系列人力资源基础制度的建设问题相关。如果这些制度建设没有一个框架，那么就难以做好内部轮岗的工作。

在中国，有很多企业都在积极地探索与轮换方面相关的实践，比如像华为、万科企业都较早地实施了轮换制度。而要实施轮换制度，本质上和世界500强公司一样，首先要有一个比较成熟的培养内部干部的方法。其次，轮换是让高潜人才能够更好地贴近市场去成长的一个方式，同时也能让企业生产的产品真真正正地服务客户。

但是，并不是所有的企业都适合轮岗制度，当所需的各种前提条件还不成熟的时候，实行轮换不一定会给企业带来福利和好处，也许带来的是一场争执和灾难。

Part5

绩效管理篇：如何打造高绩效团队

01 如何打破企业低绩效?

我们经常会看到这样一种情况：企业处于相对平衡的状态，员工流失率不高，但业绩低于行业平均水平，这样的组织叫作低绩效均衡的组织。在这种状态下，无论公司本身还是员工个体，想要实现改变都是比较困难的。

与低绩效均衡相对的组织叫高绩效均衡。画一个坐标图，纵轴代表员工的稳定性，横轴代表组织的绩效水平，对应于行业的平均水平。在这个坐标的 4 个象限中，第一象限代表员工稳定性和组织的绩效都比较高，属于高绩效均衡；第二象限代表员工的稳定性好，但组织的绩效落后于行业的平均水平，属于低绩效均衡；第三象限为员工稳定性差，而且绩效低；第四象限代表的则是员工稳定性差，但企业绩效好。

企业领导者都希望自己的组织卓越，员工能够长期和公司共同成长与发展，这看来是一个可望不可即的目标。企业家们认为打破低绩效均衡需要转型，要用更好的政策激励和吸引优秀员工，但过程通常困难重重且失败的概率非常大。

某些国有企业的机制决定了他们处于低绩效均衡的状态。特别在竞争性强的行业里，他们相比于市场绩效是相对落后的。

也有部分外企在我国处于低绩效均衡的状态。公司业务的增长率不高，低于我国的 GDP 增长水平，现任资深员工虽稳定且有能力，但却被条件所限，才能未能充分发挥出来。

创业公司同样处于低绩效均衡的状态。新公司的创建往往伴随落后企业的破产，不计其数的报道称某些创业公司拥有的资源非常好，短时间内发展迅速，但也在短时间内消亡。其实真正承担整个公司主要责任和义务的是创业团队，入职的新职员在实际中能够创造的价值是有限的。

企业是否能摆脱低绩效均衡的状态，从而走向高绩效均衡？准确地说：能，但过程艰难。组织历史悠久，低绩效均衡的状态、标准时间越长，完成转变的难度就会越大，要实现转变，只有一种可能： 辞退现有已经适应低绩效状态的员工，招聘能够带动组织朝高绩效发展的员工。

大部分企业都有换人的意愿。因为早期初创团队大多由亲朋好友组成；待公司进入正轨，则需要招聘社会上的职业经理人或优秀学生；在公司制度逐渐成熟后，更需具有国际视野的人才，但人才的引进是逐步变化的，通过不断的迭代，才能实现从低绩效均衡向高绩效均衡的跨越。

那么实现跨越所需的关键要素是什么呢?

一、领导者需要有强烈换人的意愿。国有企业要实现转换，一方面是换人，另外一方面则是能够在机制和制度上有所突破，充分调动员工的积极性。但是对于大部分民营企业和创业公司来说，实现组织转型和能力扩张，能够使用的主要手段就是换人，因此领导者的决心和意愿是非常重要的。多数领导者在早期创业的时候都有一批忠诚的员工，而这部分人实现转型的难度非常大，因而企业实现跨越的过程波动起伏，从低效向高效跨越并不是直线，它在绩效与员工的稳定性的二维坐标中的走向，是从第二象限到第三、四象限，最终到第一象限，类似于U型曲线。所以从低绩效均衡向高绩效均衡跨越定会打破原有的均衡，整个组织的文化也会发生相应变化。当职员在新的均衡的要求下，原本熟悉的环境变会得陌生，这个时候领导者的决心就更为重要。

很多转型案例之所以失败，是因为在转型的过程中，领导者的决心不强，因此又回到原点。所以从低绩效均衡向高绩效转变的一个关键因素就是：领导者要有强烈的决心和意愿。

二、在转换过程中需要批量进行。企业要实现跨越，无论是换人还是换思想都不能单量进行，如单量进行，转型模式失败的概率会非常高，会在短时间内被原有的均衡所同化，因此实现高效均衡的转型会异常困难，只有批量进行才能实现转变。

三、进行均衡跨越，对企业进行增量。初期不需要在公司各个业务部门全面进行，而需在增量新业务、新客户等方面去引入高绩效均衡的人才，这样才能逐步调整和改变组织的文化和基因，最终实现跨越。

02 一个简单公式道破高绩效秘密：绩效 = 动力 × 能力

我在给企业服务的过程中，很多企业都会涉及员工或者组织激励的问题。有的企业引进了很多的激励分配方案，比如说合伙人制度。这些制度和体系，特别在企业早期，极大地激发了员工的主观能动性，释放了公司的活力。

那么这些制度是否能长期有效呢？它又能否用来区别组织间的最终绩效？组织的绩效最终是由什么因素来构成的？

在我早期撰写的书——《破局：打造人才供应链》中就曾专门谈过，整个组织的绩效，是由方向、能力和动力体系 3 方面构成的。首先，整个公司需要有清晰明确的业务战略方向，如果方向走错了，那么肯定难以达到企业想要的业绩。其次是动力体系，它指的是企业该如何去激励并发挥每个人的主观能动性。当然还有能力体系，能力体系主要是指组织能力，它是所有个体能力及其相关的流程制度的一个集合。

对于组织绩效，有一个简单的公式，即：组织绩效 = 动力 × 能力。

假设企业方向是对的，很多企业在制定战略和策略的时候，他们对市场以及整个产品竞争环境都有非常好的判断，因而能够有较为准确的方向，那么组织绩效便可看成动力体系和能力体系相乘所产生的结果。也就是说，这其中任何一个变量发生很大的变化，都会对绩效产生较大的影响。

但是这两个变量对绩效的影响范围却是不一样的，为什么?

因为动力体系可在短时间内形成，而能力体系的建成则需要较为漫长的时间，所以组织绩效是难以通过能力体系快速地建立以及提升的。但动力体系的加速度很快，它能快速影响绩效。

因此，企业一开始制定战略目标或方向的时候，首先考虑的不是改变组织能力，而是应该考虑如何改革动力体系以激励员工，让大家热情洋溢、斗志昂扬地投入到每天的工作中。

对企业而言，通常要改善、优化组织绩效，前提条件便是动力机制的优化，要让其适度超前于能力机制。

倘若一个企业毫不考虑动力机制、考核机制、分配方案等方面的组织建设，而是集中于组织能力的建设，把企业的能力建设到满足战略的要求，这样反而难以提高组织绩效，这也是现今的一些企业，特别是国有企业整体的组织绩效难以提高的原因。它有很好的能力体系，但是动力机制的参数却基本不变，很少甚至没有退出机制，对于分配机制也有各种限制，在这种情况下，再好的能力体系也发挥不了太大的作用，所以这些企业的绩效处于一个长期稳定的低绩效均衡状态。

与此同时，我们可以看到有一些初创企业，虽然能力机制一般，流程制度尚未规范，员工能力参差不齐，但是它有着高速有效的动力机制，它能够快速地促进组织绩效的提高，因而也有较高的绩效。

长期来看，动力机制对组织绩效的影响，是有极值限制的，也就好比一个人每天喝鸡汤、吃人参来进补身体，最终也会导致体力透支。以公式“绩效 = 动力 × 能力”来说，如果能力体系一直未曾突破“1”，那么动力机制的系数再高，最终的绩效也会因为不匹配的能力系数而被拉低，从而难以实现重大突破。因而，同一个行业数一数二的两家公司，导致他们最终绩效差距的，不是动力机制，而是因为能力机制、组织能力体系的差异。

所以，长期而言，一个组织能够真正地在行业里面处于领先地位，组织的能力体系乃为关键因素。

在一个公司里面，领导者很少会单一考虑某一个变量，因为人力资源体系是相互关联的，从招聘选人到产生绩效、竞争提拔，一直到最后退出，每个体系之间都有关联。其实组织里没有人力资源的问题，只有业务的问题，所以组织绩效是每一个老板、企业家都要关心的问题。

所以对于处在初创阶段的新的业务单元来说，在它快速增长期间，动力机制的建设更为重要，因为这个时候企业就需要动力激励产生绩效；但是随着公司的发展，想要获得组织绩效，并在行业中取得领先地位，那就需要更加重视能力体系的建设、每个个体能力的提升，以及员工能力和整个公司组织能力之间的匹配问题。这样，整个公司的组织绩效才可以长期可持续发展，从而实现与目标的一致。

03 被99%的人误解的绩效管理，看看你是不是那聪明的1%！

10年前，索尼的前常务董事天外伺郎写了一篇文章叫《绩效主义毁了索尼》，这篇文章一经发表便引起了很大的轰动。业界的很多企业本来就对绩效管理持怀疑态度，这也坚定了他们的想法。

在这篇文章的影响下，很多人就更加觉得企业不能实行绩效管理制度，特别是一些互联网等新兴企业，他们都在鼓吹企业当中不应该有绩效特别是KPI，企业要创新，但是KPI又难以和创新并存。一时间，仿佛人人都在反感绩效管理。

但任何事情都有两面性，索尼的沦落是否应该归结于绩效主义，其实并不能轻易下定论。而同样都是技术型公司，三星集团也非常严格地遵守绩效管理制度，同样的还有GE、google（谷歌）、腾讯、华为等企业，现今这些企业仍旧发展良好。

其实很多人对绩效管理的理解并不是很正确，绩效管理本质上是一个三合一的过程。企业出了问题，很大程度上并不是因为绩效管理本身，而是在理解和执行绩效管理的过程中出了问题。

绩效管理，是针对考核利润与收入的硬性指标。

而所谓的三合一过程，第一个过程，是指公司方向、战略目标在全公司要达成共识的过程。这个共识是自上而下，从整个公司经营发展的方向出发的，也就是绩效管理是从战略自上而下开始的。但是很多企业做绩效管理和考核时并非自上而下，而是自下而上的，他们只考核员工，却从不考核领导。而在绩效管理过程中，需要清楚的是什么是整个公司最核心的，什么是一定要达成或者要突破的，什么是组织发展需要消除的障碍，等等。因此在这个过程中需要大量的沟通讨论，从而达成共识。而达成共识又是一个艰难的过程，高层管理者可能意见都不一样，再到基层员工，意见的差距可能更大。而如果做绩效管理的时候，只管理基层人员，所得的结果一定和公司战略出发点以及创始人的想法是不一样的，从而难以达成共识。

第二个过程，是目标自上而下、层层分解的过程。绩效管理应从最高层到底层员工，一层一层地分解任务与目标，让每个人工作的重心都和公司的战略目标产生关联。如果员工的工作任务和公司的策略之间没有任何关联，那么这样工作所得的结果是毫无意义的。

第三个过程，是制订行动计划达成目标的一个过程。绩效管理不只针对目标，还需要管理工作计划、资源配套、人员配合、战略举措或者行动方案等等。所以从战略目标来说，《绩效主义毁了索尼》中也讲到，索尼很多目标都只关注财务指标，而这就是从上往下的战略共识出了问题，并不是绩效管理的错。

但是很多企业在制定绩效管理时会出现一些问题，就是用什么工具来分解指标，制定 KPI？其中一个工具为平衡计分卡，它是从财务、客户、内部运营、学习与成长 4 个角度，将组织的战略落实为可操作的衡量指标和目标值的一种新型绩效管理体系。

平衡计分卡中的平衡是辩证统一的，平衡的前提也是围绕整个公司的战略方向以及企业所处的阶段而进行的，它不是简单地在做绩效管理、设立目标，而是为了短期和长期要平衡财务和非财务而进行的平衡计分。

处于生死存亡边缘的企业，它营收的指标便很重要。而对于另外一些企业，比如说互联网企业，营收并不是一个重要的维度，用户活跃数才是一个重要指标。

所以企业做平衡计分卡或者做绩效管理指标的分解和讨论的时候，可以从财务、客户、内部运营、学习与成长 4 个角度来考虑，但不是说必须面面俱到，因为每一个企业在不同阶段的考虑是不一样的。

平衡记分卡只是告诉了你指标的来源，但是它没有告诉你指标和战略之间的重要关联，除了这 4 个维度，有些公司也可以从 3 个维度或者 6 个维度考虑。比如宝洁就是从 P 产品、D 物流和交付、Q 质量、C 成本、S 安全、M 员工士气 6 个维度考虑的，这样也是结构化的、平衡的。

而对于企业来说，怎么来考虑指标的重要性？可以把指标归为 4 类：第一类是突破类的指标，第二类是提升类的指标，第三类是维持类的指标，第四类是跟踪类的指标。

突破类的指标才是整个公司战略上需要高度投入并达成共识的，由此形成一系列考核指标例如 KPI，从而层层分解下去，落实到每一个人身上。在公司层面则需要制订相关的行动计划，然后由相关人员和部门把它放在年度工作计划里面去落实，它的核心是要落实整个公司的策略，让每个人都知道下一步工作的重点是什么，这样管理者才知道要管理的是什么，最后才足以和公司的期望一致。这是绩效管理应该要做的事情。

04 该警惕的不是 KPI，是我们对 KPI 的定义

曾经一篇题为《警惕 KPI 和流程，支持内部轮岗》的内部演讲刷爆了朋友圈，文章主要记录了张小龙在演讲中谈到的对 KPI 的看法，以及他对人才、组织的一些思考。

张小龙可谓微信的教父级人物，因此他此言一出，立即被很多人奉为真理，并在朋友圈里疯狂转发，甚至还有不少人断章取义地喊出“打倒 KPI”这样的口号。在此，我并不是要挑战张小龙的观点，因为很明显，张小龙的本意也不是要大家把 KPI 一竿子打翻在地。那么，为什么人们在面对 KPI 时，会如此咬牙切齿、深恶痛绝呢？

究竟是 KPI 有问题，还是我们对 KPI 的定义出了问题？

一、我们对 KPI 的误区在哪里？

“I”是 Indicator 的缩写，也就是指标。我们可以轻而易举地制定出成千上万个指标，然而并不是每一个指标都很重要。在不计其数的各类指标里面，与员工绩效有关的指标就是“PI”，即 Performance Indicator（效益指标）。但“PI”仍然可以有很多，企业真正重视和需要的仅仅是其中一些非常关键的指标，也

就是我们所说的 KPI——Key Performance Indicator（关键绩效指标）。

面对 KPI，大部分企业犯的错误有两个：第一，对 KPI 的定义出了问题；第二，KPI 和后续奖惩之间出了问题。很多企业把“I”或者把“PI”当成了 KPI，特别是很多绩效考核管理硬生生地把薪酬、奖金和某些指标做直接的、单线的、简单的联系，这样就会带来很多绩效考核的弊端，也会带来很多问题。

二、企业与管理者应该怎样解读 KPI？

在这里，我把企业的指标分成了以下 4 类：

第一类是突破类的指标。在我们所有的 Indicator 里面，最重要的是突破类的指标。突破类指标很简单，它的实现对整个公司、整个部门会产生一些巨大的、突破性的影响和指导意义，而这些指标需要花很大力气去实现。突破类指标在企业考核中应占主体部分，虽然它只有一个指标，但是在最后进行绩效考核时应当占 60% 以上的权重。

第二类是压力指标，即提升类的指标。打个比方，如果突破类指标是从 0 到 1 的过程，那么提升类的指标就是从 90 到 95 的概念。虽然它也需要花费不少力气，但并不是最难的。这类指标在考核里面应当占有比较大的权重。

第三类是维持类的指标。企业里往往存在大量维持类的指标，具体来讲，就是指一位员工在岗位上做好自己的本职工作，维持好现有的状况，不出大乱子。然而，很多企业把维持类指标当成了全部 KPI 去进行考核。因此我们经常可以看到：每位员工的绩效考核都很好，但公司最后的绩效却没达成目标，这就是因为这家公司仅仅注意到了维持类指标，突破类和提升类指标并没有实现。

第四种是跟踪类的指标。当我们不清楚某件事、某项内容会对公司造成什么样的影响，也不知道该怎样为其设定目标时，就需要设定一种跟踪考核。我们可以用一个月或几个月、半年或一年的时间去观察和跟踪某件事，最终来判断它的重要性与影响力。这种指标可能被判断为维持类指标的一部分，也有个别会变成提升类的指标。

本质上，突破类和提升类才是 KPI 的核心，它们是整个公司牵引里面最需要去实现的事情。然而在现实生活中，企业大部分的 Indicator 属于维持类和跟踪类的指标，这些指标是不能真正去衡量一个人的价值贡献和一个组织的贡献的。

三、考核 KPI，本质上是整个公司的指挥棒。

考核 KPI 本质上应该是整个公司的一个战略选择，是管理者的指挥棒。而这个指挥棒应该自上而下灌输整个公司的战略意图，是“指哪里，才能打哪里”。所以回到微信的例子来讲，如果微信的 KPI 不是由张小龙自上而下制定的，那么一定会产生问题。

所以张小龙在演讲中提到：“你们定的 KPI 和我想要的不一样，所以你们就不要以 KPI 为导向，而要以用户为导向。”而张小龙如果要定义 KPI，他一定是以定义用户和产品为导向的，当这个内容成为整个公司的出发点时，KPI 和公司发展的逻辑才是一致的、和顺的。

这也是我所强调的问题：该警惕的不是 KPI，是我们对 KPI 的定义。

05 企业文化为何老不落地？

著名企业家马云给清华大学的EMBA的同学们讲过关于企业家文化自信的问题，在谈到对文化自信的理解时，他以己为例说明文化自信是在理解、尊重、包容的基础上，对中国传统文化的持守与发扬。他认为中国企业家文化基因的不同，决定了创办企业方式的不同。

中国市场上有各行各业的企业家，很多领先的企业家，各自身上都有非常浓厚的中国传统文化的烙印和基因，他们本身是一个文化的楷模和代表，通过不断地宣扬，使自身文化根植于公司的体制里，在企业的人员体系和流程制度中逐渐融为一体。所以这样的领导者便可以成为整个公司的灵魂支柱，而这些灵魂支柱的存在，和他们自身对中国文化的理解有非常大的关系。

比如说像马化腾，他是典型的产品经理文化的代表，在公司里对产品的打磨要求精益求精，这种模式不断冲击着所有新人的思想。当然最近他们也在强调开放模式，这也是和传统文化紧密相关的。马化腾本就是产品经理出身，所以产品经理文化是腾讯发展和落地生根的精神基础。

华为是典型的狼性文化，无论在哪个国家和市场，只要是它进入的领域，都会表现出咄咄逼人的气势。任正非在“华为誓师大会”说出“不破楼兰终不还”一句话，只有极度自信的企业家才能说出。他是极具理想主义情怀的现实主义者，他的思想来自传统文化，同时又有很务实的想法。让一线拥有更多的决策权，以适应情况的千变万化，这就是务实，是“知行合一”里很重要的一点。对于将要面对的问题要以最有效的方式去解决，用正确的人做正确的事，它们必须结合在一起，才有可能发挥出最大的效益。

那么怎么让企业文化真正落地呢？

建立一种文化自信，让进入公司的新职员自主地成为文化的一部分，这是人力资源部门的总监和老板们需要去思考的，更多时候他们要扮演企业文化的守护者角色。那么企业看重的是什么？怎么和人力资源体系制度结合在一起？员工的价值观、核心价值理念和愿景不是老板可以决定的，只有让企业人员体系制度和倡导的文化价值观紧密地结合在一起，这种文化才有可能落地。

企业应该培养和发展什么样的人成为整个公司的榜样和楷模，这就反映了企业文化是否落地，如果没有落地，就会发现它是典型的知行不合一。比如华为强调要去亚非拉这样艰苦的地方，走入无人区建立全新的东西，那么就应该极大地奖励那些人朝这方面发展，这就是华为企业文化能够落地的保障。

有一本著名的经典书《从优秀到卓越》，它涉及了 7 个重要理论，区分了哪些企业是最终实现了这种跨越的，其中有两个理念都和文化有关系。

这本书中的第 4 个理念揭示了很重要一点是训练有素的文化，就是职员在公司清楚地知道语言的重要性，什么可以讨论，什么不可以讨论，而这些在任何一个流程中都可以反映出来，这就是企业训练有素的文化。这种文化的步调是一致的，也是在企业中最为关键的。公司领导认为重要的事情，员工从上到下都一致认同，并且他们能够在工作中为之付出努力，这就是训练有素的。这样的公司就非常容易实现从优秀到卓越的跨越。

第二个重要的理念叫作飞轮和厄运之轮。当手朝一个方向拨动时，即使力气不大，轮子也会因为惯性转动很快，这就是飞轮；如果左边转一下，右边转一下，即便用尽全力，轮子也不会因此而动，这叫厄运之轮。

所以在每个组织里，要形成一种常态，就要有一种机制保障的文化，能够使每个人都朝组织要发展的方向发展。那么怎样才能互相影响呢？就是用文化来影响文化，这在企业中是实际存在的。职员是否敬业，组织士气是否积极向上，客户是否满意，都是可以感觉到的。就像马云所说的：不同文化的基因决定了办企业的方式。

总而言之，对于企业文化自信的问题，让它在组织里面找到能够真正落地生根的载体，那便是企业各种各样的制度和流程，使之融合为一体。这对于企业的人力资源来说是所需肩负的重要责任。

06《从优秀到卓越》的七个理念

《从优秀到卓越》，也有叫《从 A 到 A+》的，英文的名字叫 *Good to Great*。讲的是一个企业怎么样能够在现在比较优秀的基础上，变成一家卓越的企业。当然我们很多企业可能离优秀还有一定的差距，卓越就更谈不上了，但其中一些理念是可以借鉴的。

这本书是美国学者 Jim Collins（吉姆·柯林斯）于 2001 年所著的，为什么今天要重读这本书呢？因为在过去做咨询的这十几年里，我发现他的很多理念对我们当下许多企业都有非常重要的借鉴价值。

书中其实有一个重要的研究，即调查了从 1965 年到 1995 年财富 500 强中的 1435 家企业，他将这些企业在 15 年间的绩效表现与对照组的表现进行了对比，发现其中有 11 家公司实现了这种跨越。从大家都差不多的水平，到和对照公司有着本质的区别，实现了企业从优秀到卓越的跨越。

那么他从这 11 家公司身上发现了怎样的共同点？如何实现了从优秀到卓越的跨越呢？

作者总结了 7 个重要的理念。第一个理念是“第五级领导人”，第二个理念是“先人后事”，第三个理念是“面对残酷的现实，绝不丧失信心”，第四个理念是“刺猬理念”，第五个理念是“训练有素的文化”，第六个理念是“技术为加速器”。前 3 个理念讲的是优秀企业后继实力的过程，后 3 个理念讲的是企业突飞猛进的过程，最后一个理念是“飞轮和厄运之轮”。

围绕着这 7 个理念，我们就可以看到一个企业是怎样实现从优秀到卓越的跨越。

第一个理念：第五级领导人。

这些实现从优秀到卓越转化的公司里，他们的领导人都有一个共同特点，作者把这个特点定义为“第五级领导人”。既然有第五级领导人，那肯定有第四级、第三级、第二级、第一级。

第一级领导人是一个非常优秀的个人领导者，他有很好的才华，很好的知识和技能，但是他只能单干，他是一个非常好的个体贡献者；第二级领导人是有所贡献的团队成员，他能贡献个人能力，并且帮助团队达成目标，也能够和人去合作；第三级领导人是胜任愉快的经理人，他能够组织人力和资源变得更加有效率，使预先设定的目标有效率地达成，他能够领导团队去完成任务；第四级领导人是有效能的领导者，他能够激励下属去追求梦想，去追求他的愿景和更高的绩效标准。

那么，第五级领导人，他们身上有哪些特点呢？

一、他们会培养接班人。当第五级领导人离开这个岗位或交接班的时候，他的后备人才、他的管理团队都是完备的，不会因为这个人的离开，让公司产生巨大的变化。如果做不到这一点，他也不会是第五级领导人。

二、他们都非常谦虚。他们不愿意抛头露面，行事也非常低调。

三、他们不会抢功和邀功，会主动承担责任。在功劳出现的时候，他会说“这是我的同志们干的”；在出现问题的时候，他会跑出来承担“这是我的问题”。相对于其他的领导人来讲，第五级领导人比起表演的马，更像一头耕犁的牛，他都是朝窗外看，把成功归于别的因素而非他自己。这是第一个理念，所有从优秀到卓越转化的公司，他们都有一个第五级的领导人。

我们看到所有实现跨越的公司，在每个跨越过程中，他们首先会想“我们有没有这样的人去完成这样的工作”，而不是“真的有这么多的商业机会”。

这个和我们当下很多创业企业和互联网公司一样，我们有很多机会，但是没人干这个事。所以实现跨越的公司的领导者，他们首先是想办法找到合适的人，让不合适的人下车，然后再决定将汽车开到什么方向去。这个要点，不光是要怎么得到合适的人才，更重要的是谁，这个问题先于什么，也就是说人这个条件是要先于愿景，先于战略，先于战术，先于组织架构的。

第二个理念：先人后事。

先人后事是所有实现跨越的公司必须严格遵循的一个原则。这些所有实现跨越的公司的领导人，在人员的决策上是非常严厉的，当然，并不是严酷。他们非常重视人员选拔和人事决策的工作。作者发现，他们在人员决策上面有基本的原则。

第一，如果不确定这个人行不行，那就宁缺毋滥，保持观望的态度。

第二，一旦发现这个人不行，就立刻行动。当然，他会非常确定地说，这个人不只是安排错了位置。

第三，当杰出人才出现时，我们会认为这是一种天赐良机，会让杰出人才帮忙解决问题，而他们会让这些人去发展业务，而不是解决现有的业务，这是一个非常大的变化。

第三个理念：面对残酷现实绝不丧失信心。

在这里不得不提“斯托克代尔悖论”，这个悖论是指坚持你认为一定会成功的理念，不管有多大的困难，只要坚持，你还是能够实现它。对于我们，特别是在这样一个商业的环境下，坚持是非常非常重要的。很多时候我们在组织里面需要花时间和精力来激励一些人，其实激励人是一个巨大的浪费，真正的问题不是怎么样去激励人，如果我们有合适的人，他们是会自我激励的，关键是不要打击他们的积极性，这是最重要的。

所以领导不是始于远见卓识，而是勇于让人们去面对这个残酷的事实，并采取积极的行动。在一个组织里面，任何时候我们都要告诉自己的员工和战友们真相是什么，我们的问题是什么，我们要做更坏的打算，更差的、更糟糕的一个预测。

如果我们的团队、公司和组织能够把这个残酷的现实想得更残酷一些，那么我们最后的收获将会是更好的。但很多时候，在大多数组织内，“报喜不报忧”的习惯会搞得我们天花乱坠，让员工和同事活在假象和幻想之中，这样的公司是永远不可能实现跨越的。因为它没有打过硬仗，没有在最困难、最缺乏援助的情况下去完成一些事情。所以当困难真正来临的时候，他们是难以面对的。

这就是第三个理念，所有实现跨越的公司，它们都经历过非常残酷的现实、残酷的转型。这些公司之所以能够渡过难关，在于他们之前就有了良好的心理准备，能够以积极的心态去面对这些问题。

第四个理念：刺猬理念。

刺猬对照的是什么？狐狸。狐狸有很多招，又很狡猾；但刺猬只有一招，当遇到攻击时就把身体缩起来，把刺露在外面，刺猬是非常专注的一个代表者。

现在互联网思维不是讲什么极致体验吗？极致体验这个概念，其核心就是刺猬理念。每家实现跨越的公司都会去找它的刺猬是什么，什么可以成为它的刺猬。

那么，需要思考的问题就是：我们在哪些方面有可能达到世界的顶尖水平？我们对什么样的事业充满热情？我们的经济引擎主要靠什么来驱动？

如果这些东西能够明白的话，那么朝这个方向聚焦，我们也可以找到自己的刺。上面提到的 3 个问题就是 3 个环，3 环所聚焦的那部分就是我们的刺猬所在之处。

找到我们的经济引擎，找到我们的竞争优势，再和我们的热情结合起来，那么它就可能战无不胜。在某一个领域打通打透，成为极致的一点。刺猬理念的获得并不是一次性的，在从优秀到卓越的公司里，平均需要经历 4 年以上的时间，才能真正找到公司实现跨越的工具。这就是刺猬理念。究竟我们的公司能在哪些地方聚焦到一个刺上，让我们去打通和打透呢？

第五个理念：独有特色的企业文化。

很多公司都非常强调文化，那么文化是用来干什么的？文化是用来保障我们前面所说的“刺猬理念”的，我们要确保它能够持续发展，确保它不要被诸多商业机会，或一些诱惑改变了我们的目标方向。当你和一家公司的每个人交流时，你会发现他们思考问题的方式基本上是一样的。持续辉煌的业绩，需要有这样一种自律的文化和行为规范去支撑，来保证人们去坚守他要坚守的东西。

那么要让文化具有双重性，一方面需要人们遵守这个制度，同时在这种制度框架下，给他们一个自由和责任的空间。所以训练有素的文化，它不光规范人的行为，还让人们训练有素地去思考问题、去做事。组织越是严格地遵守这样的“三环理论”（就是刚刚讲的“刺猬理念”），越是像宗教信仰一样去向往和追求这个东西，那么它们发展和取得成就的机会就越多。哪怕是那个时候遇到一些千载难逢的机会也要放弃，因为它不符合自己的“刺猬理念”。

作为实现跨越的公司，他们做预算的目的，不是决定每个项目投资多少，而是当作一种机制，决定哪些领域最符合“刺猬理念”，应该集中去投资，哪些领域根本就不应该投资。这样他才能够在某个地方做到又强又大。

第六个理念：以技术为加速器。

技术是很重要的，就像我们汽车发动机中的变速箱，它只是让你的公司像汽车一样能够提速，能够跑得更快。但它并不是发动机，不是引擎，所以技术是一个很重要的、能够帮助公司实现指数级增长或者快速发展的工具。

我们不能本末倒置，让技术来驱动整个公司全面地发展。所有从优秀到卓越的公司，很难因为某项技术的改变、某项技术的调整，就让公司实现这种跨越。实现跨越的组织，他们都在非常谨慎地避免对技术的盲目和狂热追赶时髦，但是他们会非常精心地挑选技术，成为应用技术的先驱。

所以，对于任何技术，它最核心的问题是：这些技术能否直接服务于公司的“刺猬理念”。如果答案是肯定的，就率先使用这种技术；如果不是，就需要加以比较，或者干脆忽略。一个公司在如何对待技术，衡量它是否能让公司实现跨越方面，有一个很重要的指标：驱动力。如果他们通过驱动力将技术改造了之后，能够转化为商业结果，就使用。如果技术最后和商业结果没有联系，那么就要非常谨慎了。他们在对待技术上有一个很有效的方法，我们叫作“从爬到行再到奔跑”，这和我们人走路是一样的，我们先是爬着走，然后慢慢一瘸一拐地走起来，最后才会跑 。

第七个理念：飞轮和厄运之轮。

不管这家公司以前多么辉煌，我们可以看到的仅仅有 11 家公司实现了从优秀到卓越的跨越。很多公司一开始都是不错的，为什么没有实现这个跨越呢？这就是“飞轮和厄运之轮”的结果。

很多公司通常会有大量的误入歧途的收购行为，通过收购设法来做一些创造性的突破，而与此相反的卓越公司呢？它们只有在实现突破以后才开始大量收购，使原本已经转得很快的飞轮持续加速转动。我们理解这个飞轮，就像去西藏可以看到一些信徒转经，转经的那个轮就是飞轮，每个人都用很小的力量碰一下，那么这个轮子就往前转一点；当我们往同一个方向碰的时候，虽然力量很小，但是每个人的方向都是一致的，所以它就会越转越快。

但如果我们这波人没有统一的方向，往这儿碰一下，往那儿碰一下，虽然好像每个人使的力气都不小，但最后这个轮子是不转的，或者转得很慢，这就是厄运之轮和飞轮的一个区别。当我们所有组织之间的协同、我们所有的能力、我们所有的方向、我们的“刺猬理念”、我们的纪律和文化都在促使组织向同一个方向走的时候，它就会形成一个巨大的惯性，就形成了飞轮效应。所有实现从优秀到卓越跨越的公司，它们都形成了这样一种结果。

读完这本书以后，有几点总结和感悟想与大家分享，以帮助我们能够更好去理解一个企业和组织应该怎么实现跨越：

1. 从公司之外请来那些明星般的领导人物，对公司实现从优秀到卓越的跨越是起消极作用的。

2. 经理人的薪酬结构跟推动公司的经营绩效无关。

3. 实现跨越的公司在制定长期战略上花的时间，和别的公司差不多，甚至比别人还少。也就是说，他们并不会花很长时间去研究战略，他们花很多时间去研究人和聚焦到某一点。

4. 技术以及技术推动的变革，并不能激发从优秀到卓越的跨越。

5. 合并和收购，在推动公司跨越过程中，并没有起到任何作用。相反，是因为你已经实现了跨越，所以并购整合才能够帮助公司做得更好。

6. 实现跨越的公司不刻意创造改变，而是要激励员工，或者在公司营造一种上下一致的氛围，也就是上下同心。这个氛围，这种训练有素的文化是很重要的。

7. 革命性的跨越，不需要革命性的过程。所有实现跨越的公司并没有哪一天去剪彩说“今天我们要开始跨越了”，没有这样一个仪式性的过程，它都是在不知不觉中形成的。

8. 实现跨越的公司所从事的并非是一个景气的行业，甚至有的公司所处的行业是一个所谓的夕阳行业，或者说是一个非常糟糕的行业。所以它不是一个环境的产物，在很大程度上，它是一个慎重决策的结果。

所以祝愿我们的企业和企业家们从这里面能够吸取能量，帮助你们实现从优秀到卓越的跨越，无论是整体还是局部。

07 高绩效员工≠高潜人才？！

“高潜”是企业乐于谈论的一个话题，企业管理者都喜欢选拔具有高潜质的员工，因为这些人会给整个组织带来一种新生力量。一个员工的潜质越高，代表着他未来能够承担的责任越大、胜任的角色越重要。但是企业在选拔高潜人才的时候，通常会有一个误区，即认为绩效等于潜质，一个高绩效的人一定是个高潜质的人。我们在研究中发现：过往的绩效并不能代表一个人未来的潜质，在高绩效人才里，同时又是一个高潜人才的有29%，而高潜人才中的高绩效人才高达93%，所以高潜会是一个更重要的判断和选择的标准。

但是在企业里，通常一个员工的绩效是比较容易衡量的，而其潜力却是难以衡量的。那么高潜因素的重要特征是什么？首先，其具有一个能够影响员工长期发展的深层特点；其次，基于目前的岗位职责，高潜因素不一定能够帮助员工马上获得很好的绩效，其考虑的是长期发展的潜质，而非当下见效；第三，高潜因素很难在短期内培养形成，但通常可以在职业生涯的不断发展以及在专业的辅导培训过程中逐步培养和提升。

而判断一个人是否是一个高潜人才，通过高潜因素的 3 大特征，可分为以下 4 大类：

第一，自我学习力。

判断一个人是否是高潜人才，首先可以观察他的学习习惯、自我的学习能力。他们具有很强的好奇心和学习意愿，并且这种好奇心和学习意愿超过了岗位本身的要求。而这些东西会使他逐渐积累一些其他人不能或者短期内很难获得的一些知识，即使这些知识不一定能够马上运用到工作上去。他们会乐于承担一些具有挑战性的全新工作任务，敢于面对风险并尝试用不同的方法去解决工作上的问题。他们会通过解决未知难题，从而获得一种成就感和愉悦感。其自我驱动力也会很强，而这种驱动完全是来自内在需求对自我的要求。

第二，多视角思考。

那么如何通过多视角考察员工的行为特征，从而判断其是否是高潜人才呢？

首先，判断他是否能够高瞻远瞩，能否脱离岗位本身的限制和要求去思考工作问题。俗话说，屁股决定脑袋，意在当一个人处于某个位置上时，他才会去思考在那个位置上所需思考的事情。而高潜员工通常会把自己置于老板的角度去思考问题，因而能够得到和其他人不一样的解决方案并采取确切的行动。其次，判断他是否能够用一种创新的思维和有效的方式去思考，也就是当一个人还是员工的时候，能够像领导者一样思考问题。再者，判断他是否能够将复杂的问题向前推进，直到最后落地成为事实。在多视角思考的时候，很多人会做一些发散性的思考，但是最后却没有具体落实到行动中。

我们可以发现高潜员工会像老板一样思考，即可以脱离本职岗位的要求去思考，同时他也会考虑现实问题，比如说落实过程中的部门、流程、资源配合等问题，从而将事情落实到位。高潜人才所提供给领导的不是一个简单的想法，而是一个解决方案。

第三，人际的敏感性。

一个高潜人才不只是关注事情本身，同时也会去关注和他一起来协同完成事情的人。通常来说，一个高潜人才的人际敏感性和情商是非常高的。而这样的高潜人才有以下几个典型的特点：

1. 他能够仔细聆听他人的观点并澄清问题，而不是妄下结论。我们很少会看到一个高潜员工是在单打独斗，向来都是一群人和他共同讨论、共同奋斗。

2. 他能够主动理解他人。在柯维的《高效能人士的七个习惯》里面，第四个习惯就是首先去理解他人，然后才去被别人理解。

3. 他会经常提及他人的优点并且表扬他人。在一个组织里，一些明星级的高潜员工，对和他一起工作的同事，通常都会毫不吝惜自己的赞扬和鼓励。

4. 他能够尊重别人并看到他人的优点，而不是关注别人的缺点。他所看到的是他人的发展机会，并希望能够更好地为己所用，从而发挥他们的特长。

第四，情绪的恢复力。

在工作中也好，在生活中也罢，很多人都会遇到困难挫折，那么高潜人才在遇到困难时的行为表现又有哪些特点？

1. 他们的情绪稳定性很好，不会随意将不满的情绪发泄出来，从而导致事情越来越糟。但可以看到企业中的很多人经常会为了一件小事情而生气发火，他们情绪的控制能力是比较弱的。

2. 他们能够很快速地从失败中振作起来，并且从中学到失败的教训。打了败仗不可怕，可怕的是不会从中总结经验并且没有重来的勇气。在战斗中，高潜人才也同样不能保证每一场战斗都获胜，但即使是输，他们也会在输过之后总结经验，以便输得明明白白，并且在这个过程中找到下一次改进和努力的方向。

3. 他们愿意接受批评。面对批评和建议，他们会辩证地看待并学着改进和提高自己。

4. 他们会十分关注集体的利益。在情绪恢复当中，很多时候可能会因为集体利益，需要在短期内损耗一些个人利益，高潜员工能够权衡个人与集体之间的利益关系，从而做出让步。

高潜人才不等于高效能员工，我们在衡量员工的时候要善于甄别对公司发展有利的人才，从而带动公司的发展。

08 别扯什么大数据，先搞好人才的小数据！

实现 JIT（准时制生产方式）的人力资源管理模式，必须重视内外两条人才供应链的建设。内部供应链建设的重点在于“测”和“训”。简单来讲，就是将人才盘点和人才培养结合在一起。

我们要非常清楚现有人才的状况和标准，以及未来所需要的人才的要求是什么。那么基于盘点的情况，我们可以形成新的团队组合和人员安排，以及包括人才培养和发展的路径。这是我们内部人才供应链的核心。

外部供应链的打造，则是我们要对外部人才供应的资源进行整合。从人才市场、外部人才池，到我们的后备人才库，这是“测”和“聘”的结合。

当然，内外部两条供应链都有一个共同的起点——校园。也就是说，人才供应链打造的起点是从校园招聘开始的。

我在另一本书《抢先一步》中，比较系统地阐述了校园招聘的策略和打造的过程，它和《破局》是姊妹篇。那么，这篇文章将重点讲人才供应链的两个支柱。

第一支柱，动态短期的人才规划。

我们自己做过研究，实际上，对于我们今天不确定的经济环境，对于我们现在的互联网大潮，对于目前的创业大潮和业务极大的不确定性来说，中国企业的人才规划超过一年就算长期。

因此，建议企业在做人才规划的时候，最多以 1 年为限，3 个月动态调整。我们需要去思考：如果我们 3 个月内不对人才管理的状况做任何改变，企业的人才情况能否匹配、是否能满足业务发展的要求？从现在来看，未来 3 个月、6 个月、1 年的业务发展对人才管理会提出什么要求，以及我们对应的人才策略是什么？如果不做任何的调整和改变，那么可能存在的风险是什么？

第二支柱，灵活标准的人才盘点。

一开始我提出了关于人才管理的 4 个问题，我问企业缺不缺人，几乎所有企业都缺；那我再问企业多不多人，51% 的企业也多人。

所以说，很多企业的现实情况就是又缺人又多人，这是为什么呢？因为不平衡。想要的人没有，不想要的人又多在那里，这就造成了冗余。

这就是我们要怎么样通过盘点，从而更加有效地优化我们的人才配置。我们人才盘点的目的，就在于搞清楚我们的库存，对能力进行重新优化和组合。这就要求我们用好测评、用好评价、用好盘点，更好地获得数据。

我们最近在给很多企业提供人才盘点服务的时候，企业都主动提出来说，他们需要我们帮忙生成一个人才画像。像顺丰、腾讯、中国电信等，都表示需要通过画像搞清楚他们某个岗位的标准是什么。

画像标准建立之后，还需要跟实际岗位上的人结合在一起，从而知道在某个维度、某个要求上的具体指标和分数是什么，常模是什么。只有梳理清楚之后，企业才能做更多优化和人才组合、能力组合。

人才盘点是人才供应链中非常核心的一环，无论是“测 + 训”还是“测 + 聘”，测量是人才盘点最主要的手段。

“人力资源大数据”概念逐渐兴起，越来越多人力资源从业者开始关心行业的大数据。但事实上，了解人力资源大数据的前提是了解企业内的人才基础数据，如能力数据、岗位胜任者、绩优者能力画像等等。所以说，别扯什么人力资源大数据，先搞好企业内部人才小数据才是正道。

09 业绩上不去，换人还是换制度?

在人力资源的同业中经常会有很多小故事，甚至会流传出一些鸡汤类的东西，以鼓励大家做某些事情。

其中有一则故事是关于分配制度的，它讲的是有 7 个和尚一起分一桶粥，但是不管怎么分，总是难以实现平均，于是他们便决定抓阄，由抽到的人来分粥，每天轮一个。但是这样导致的结果是：分的那个人总是给自己分得多一点，因此便出现了不公平，而大权独揽就会产生腐败，其他人就会给分粥的人拍马屁。

后来有人想了个办法：7 个人每天轮着做分粥人，而分粥的人需要最后去取粥，如果分得不均匀的话，最后只能去拿分得最少的一碗。由此可看出，有了较好的制度，就能较顺利地解决分配问题。

当然，还有关于考核制度的故事，这个故事发生在二战时期。那时，美国空军的降落伞合格率为 99.9%，虽然很高，但还是意味着每 1 千个跳伞的士兵里面，可能会因为有一个降落伞不合格而导致士兵丧命，所以军方就要求厂家降落伞的合格率必须达到 100% 才能出厂，但是厂家表明不可能做到 100%。军方并非冷酷无情，他们也因此而改变了检查制度，在每次交货前，他们会从降落伞中随机挑几个，并由厂家的负责人亲自去检测，而此后奇迹出现了，降落伞的合格率达到了100%。

这则故事实际上说明了制度在人力资源管理、生产管理等各个过程中，都发挥了重要作用。

所以有时候企业每当讨论到其业绩不高的时候，管理者便觉得要修正制度甚至改制度，觉得制度一改，立马可以提高业绩，事实是不是这样?

其实不尽然。在管理学中，制度经济学是它的一个分支，主要讲的是制度在经济管理过程中所发挥的重要作用。制度的确很重要，但它也不是万能的，有很多事情是无法用制度来解决的。

就像上面分粥故事中的分配制度，虽然有了制度，但细想无论怎么分，粥的总量都是固定的，制度最终只是能让粥分得更均匀而已。所以这样的制度，并不能真正地提高企业的绩效，它只是让彼此的利益不受损害罢了。而降落伞故事中的检查制度也是一样的道理，它确实提升了伞的合格率，甚至达到了100%，但是，可想而知，它为此消耗的制度成本也不会很低。当然在部队是需要保障士兵的生命安全的，但是如果代价太大，这些产品或者这样的服务，从企业的角度来说反而是不太合算的。

所以实际上，从人力资源管理和平衡的角度来看，要注意衡量制度与人的关系。

第一，制度是一种保障，它所发挥的是基础功能。经常可以看到很多领导写报告时，常提及“保障”一词，例如制度保障、组织保障等。他所强调的是一个保障，通过制度来确保某些事情。

制度是在基础条件能够达到的前提下，带来的一个合格的绩效，以确保企业的基础绩效能达到行业的平均水平。它并不能够创造优异的绩效，企业也并不能因为某一个制度的诞生而带来超额的回报。

当然，如果制度和人结合在一起，就会发挥巨大的作用，本质上是制度驱动了人的主观能动性，而这时候制度的作用已经不是纯粹的制度本身了。

可以看到所有和人相关的制度，如果它最终不能驱动人的主观能动性，那么这样的制度的作用并不大，它只是一个单纯的保障制度。

第二，制度是刚性的，它是不能轻易修改或者替换的。

它和法律法规一样，企业中的制度一旦成文发布了，要修改就得经过一些程序，就算是领导，也不能轻易地凭一句话就修改。虽然在实践中可以做一些修正或者微调，但是真正的修改就要落实到慎重的文字中。而在这个过程中，又要经过严格的讨论和交流，因为制度一旦发布出去，它是针对全公司人员的。如果是因为一个人的问题或者一个部门的问题而发布了一个对全公司都有影响的制度，那么它所带来的负面影响是难以预料的。

在组织里面没有绝对正确的东西。生产同样产品的两家公司，有着截然不同的人事管理制度也是一件很正常的事情。有的公司强调打卡上班，有的公司全然不管这方面的事情，进行弹性工作，但它们都能成功。

制度并不一定就是对的，对于企业来说是非此即彼的问题。企业不能因为有个员工经常迟到，就把整个公司的制度从原来的不打卡变成每天打卡上班，这样好像是纠正了某个人的问题，但实际上却造成了其他人的不满意。

制度是刚性的，它不能够随便被更改和调整，那么什么时候有可能去调整或者更改制度呢？即出现 critical 和 criminal 两种情况的时候。

Critical 就是在制度里面的一些可以确保绩效的关键节点，这时就需要制度保障。

所谓 criminal，就是出现了给整个组织带来灾难的事件时，为了防患于未然或者是事后为了亡羊补牢而制定的制度。此时就需要有制度以保障企业安全并防止这些可能会给组织带来灾难性伤害的事情再次发生。比如说有些外企会规定，不能超过多少个高管一起坐飞机，这就是 criminal 的情况，曾经有些飞机发生过空难，同行的高管均发生了意外，而这种制度就预防了公司的灾难性事故的发生。

如果一个公司的业绩不行，那究竟是应该换人还是换制度，这取决于不同的情况。如果是业绩不好，处于低绩效的情况，但是员工队伍处于稳定状态，那么这个时候通常不是制度的问题，而是人的问题，这时换员工带来新鲜的血液，才有可能带来不一样的绩效。

如果是业绩不好，员工队伍又很不稳定，那么这个时候多半是制度的问题。业绩不好，不断招进员工，又马上有人走，一定是环境出了问题，因为员工进了公司之后也会发现在这样的企业没有发展前途，离职也是必然的事情。此时企业就需要去修正相关的激励、分配、考核、管理等制度。

不过从企业稳定性和业绩这两方面来看，事情不能一概而论，不能认为业绩不行就需要换人或者修改制度。企业需要探究出现这种情况背后真正的原因是什么，从而决定哪些方面是需要优先考虑的。但无论怎么样，制度相对而言是稳定的、具有刚性的，它是一个保障。企业不能出现一点状况，就想着修改它。

图书在版编目（CIP）数据

人人都有领导力：释放潜能，让未来的你不断增值 / 许锋著. -- 北京：中国友谊出版公司，2017.12

ISBN 978-7-5057-4240-6

Ⅰ. ①人… Ⅱ. ①许… Ⅲ. ①成功心理－通俗读物 Ⅳ. ①B848.4-49

中国版本图书馆CIP数据核字（2017）第302503号

书名 人人都有领导力：释放潜能，让未来的你不断增值

作者 许锋

出版 中国友谊出版公司

发行 中国友谊出版公司

经销 新华书店

印刷 武汉立信邦和彩色印刷有限公司

规格 880×1230毫米 32开

9.5印张 200千字

版次 2018年2月第1版

印次 2018年2月第1次印刷

书号 ISBN 978-7-5057-4240-6

定价 45.00元

地址 北京市朝阳区西坝河南里17号楼

邮编 100028

电话 （010）64668676